Change & Transform

想 改 變 世 界 · 先 改 變 自 己

Change & Transform

想 改 變 世 界 · 先 改 變 自 己

《商業周刊》書摘推薦，亞馬遜書店逾300位讀者★★★★★好評！

公司賺錢有這麼難嗎

賣得掉的才是好公司，17招打造沒有你也行的搖錢樹

BUILT TO SELL

CREATING A BUSINESS THAT CAN THRIVE WITHOUT YOU

＊暢銷＊
慶祝版

由虧轉盈的企業脫胎換骨寓言╳上萬企業家贏的法則。

所有創業家及經營者相見恨晚的一本書。

創業創投權威 約翰·瓦瑞勞 John Warrillow 著　連育德 審訂　戴至中 譯

趙少康｜何飛鵬｜程昀儀｜郭家齊｜鄭俊德｜李昭樺｜王彥堯｜周鼎軒

暨各界創業家 大推

【新版推薦序】

一套創造公司更好前景的思維訓練

文◎郭家齊

十年前，當我和哥哥及我們各自的太太開始創業的那幾年，我們也常常想著是不是有一天能把公司給賣掉。那時候的想像很單純，只要夠努力，一定會有人看到我們的價值。我們做過很多錯誤的決定，常不知不覺中把公司定位成「服務」而不是「產品」的提供者，也讓自己深陷公司的日常經營中無法脫身，這本書主角所犯的錯，很多我們都經歷過。雖然後來公司還是賣掉了，但我們也終於明白，在併購的過程中，買方要買的不是你過去的努力，而是你打造的企業它未來所能產生的價值，這個價值除了包含企業的獲利能力、成長性，也包含了這個企業如果少了你，是不是還能繼續成長。

後來，我們再度創業，這一次雖然沒有選擇被併購，而是選擇長期經營公司並上櫃。但這本書的許多觀點，還是可以蠻準確運用在我們公司。成功的故事很難複製，因此你無法直接把這本書的每個轉折套用在自己的公司，但故事背後的思維，常常是可以帶給人啓發的。這本書對提升公司價值的想法，提供了一套很有邏輯的思考。在這樣的思維下，即使最後你不是選擇把公司賣掉，都還是可以讓你的公司變成一家更有前景的公司。

很多創業者在創業初期一頭熱地投入在自己的產品中，看到的往往是自己的技術、創意、團隊……等內部觀點所看到的公司。但創業者也許更該抽離這個角度，從市場的角度，從外界的角度來看自己公司的價值。往往你會發現你高估了自己公司的價值。這本書提供了一個很好的線索，幫助你調整公司來填補這兩者間的差異，以及讓創業者更進一步思考自己公司未來可能的出場方式。你不一定要把公司賣掉，但你該準備好，如果有一天當你決定把公司賣掉，這個選項是永遠存在的。

（本文作者為創業家兄弟股份有限公司總經理）

【各界推薦】

「要把事業賣掉，可不能指望老天爺。一切有賴於規劃，而且得真的了解怎麼做才有用。我敢說，當你的朋友希望有朝一日能把公司賣掉，卻不曉得該怎麼做時，你會（跟我一樣）主動向他推薦這本書。」

——賽斯・高汀 (Seth Godin)，《夠關鍵，公司就不能沒有你》(*Linchpin*) 作者

「大部分的創業家直到該退場前，都沒有想過要把事業賣掉，這是一大錯誤。約翰・瓦瑞勞在這本極具可讀性的著作裡指出，若你從創業第一天便計畫打造有賣相的公司，就會採取更健全的經營模式。到最後你不但會擁有一家更好、更強、更有價值的事業，而且假如你真的決定出售時，也能賣得更高的價錢。」

——諾姆・布洛斯基 (Norm Brodsky)，專欄作家暨《師父：那些我在課堂外學會的本事》(*Street Smarts*) 作者

「了不起的著作。在學習怎麼打造一家未來有賣相事業的同時，你也會學到一些當前就能大

幅提高公司獲利的黃金原則。不管是誰，只要是動過創業念頭的人，都應該擁有這本書，然後仔細研讀。」

——鮑伯・柏格 (Bob Burg)，《給予的力量》(*The Go-Giver*) 共同作者

「身爲創業家，你有兩個選擇：打造事業，然後賣掉，或是打造事業，然後永續經營。不管作何選擇，身爲創辦人，你都要爲自己的退場幫組織作好準備。約翰．瓦瑞勞創造了一位名叫亞力的創業家故事，你會了解如何打造出有價值、有賣相、沒有你眞的也能蓬勃發展的事業。」

——肯・布蘭佳 (Ken Blanchard)，《一分鐘經理人》(*The One Minute Manager*)
及《以愛領導》(*Lead with LUV*) 的共同作者

「任何一位創業家都必須做一件不容易的事，那就是以投資人而非經營者的眼光，好好用策略打造自己的事業。約翰寫這個故事的目的，就是要幫助創業家從全然客觀的角度評估自己的事業，以確保最後眞的能打造出搶手貨。」

——道格・塔頓 (Doug Tatum)，《無人之境》(*No Man's Land*) 作者

「在創立並售出四家成功的公司後，約翰掌握了打造可售事業的訣竅。約翰分享了自身的經驗及所獲之啓示，呈現在他的新作《公司賺錢有這麼難嗎》。」

——麥可・葛伯（Michael Gerber），全球E神話公司（E-Myth Worldwide）

「買家在收購企業時，所注重的是什麼？創業家假如想出售公司，他該怎麼做？假如你想知道，我強烈建議你去買本約翰・瓦瑞勞所寫的《公司賺錢有這麼難嗎》。這本書探討了買賣公司過程的各個重要層面，從吸引多方出價，到爲你的事業爭取最大利益等。它以簡單的方式來說明，假如你想創立一家有賣相的公司，必須知道及做到哪幾件事。」

——史帝夫・史特勞斯（Steve Strauss），《今日美國報》（*USA Today*）

「對於我每天都會碰到的那些窮於應付不同的顧客、想要擺脫困境的各界人士來說，這本書眞是他們的福音。書中有不同凡響的啓示，遠遠超越了我個人著作中〈如何抓住財神爺〉這一章，而對於大多數企業主在出售事業時都準備不足的現象，它基本上也提出了同樣的觀察。本書的優點之一在於故事引人入勝，一路緊扣著亞力的摸索與考驗。非常眞實的人生。我迫不及待要和客戶及行政總裁會分享了，我相信它會一炮而紅！」

——布魯斯・杭特（Bruce Hunter），加拿大行政總裁會（TEC，現名偉事達［Vistage］）會長

「約翰．瓦瑞勞的故事要讓企業領導人認眞思索一個重要問題：假如別人不肯花大錢來購買你的事業，那你的事業還值得發展嗎？企業主若想打造出有價值的事業，此書是必讀之作。」

——維恩．哈尼許（Verne Harnish），瞪羚公司（Gazelles）創辦人暨暢銷書《掌握洛克斐勒的習慣》（*The Rockefeller Habits*）作者

「跟麥可．葛伯（Michael Gerber）的著作《世界最成功的小企業》（*The Most Successful Small Business In The World*）比起來，在《公司賺錢有這麼難嗎》書中，對於要如何把本身的事業變得具賣相，旅居多倫多的資深創業家暨《環球郵報》（Your Business）創業版的專欄作家約翰．瓦瑞勞更是精通、專門與擅長得多。他的寫作手法陳述詳盡、一看就懂，寓言故事中明白道出了許多招式，提供創業家們思索與參考，用以整頓事業，並且一步一步進入複雜、審慎、攸關數千萬美元的交易過程。」

——哈維．薩赫特（Harvey Schachter），《環球郵報》（*The Globe & Mail*）

「假如沒讀這本書，你的事業可能會一文不值。」

——約翰．詹區（John Jantsch），暢銷書《膠帶行銷術》（*Duct Tape Marketing*）作者

【推薦文】

相見恨晚的一本書

文◎王彥堯

這是我看過最精彩的書之一，一口氣看完之後的感想是「相見恨晚」，如果任何經營者先看過本書，我想一定可以提早成功。

先問自己一個問題，如果我是投資人，我願意花多少錢買我的公司呢？如果沒有答案，那就更應該看這本書了。

這是一本很容易閱讀的書，但卻充滿許多商業經營的智慧。作者運用故事案例，指出一個企業如何打造成功方程式。不管是想要將公司售出或是永續經營，這都是必要先建立的觀念。

建立一個企業，最重要的就是建立一個成功可複製的系統，而不是打造一個老鼠籠，把自己困在裡面。我在創業初期，確實也犯了很多書中指出的錯誤，很多事情總是事必躬親，不懂得如何建立成功方程式，所以就像是救火隊一樣疲於奔命，到處解決燃眉之急。

經過多年的摸索，才慢慢建立起系統，但這些其實在書中已經講得非常清楚，作者寫出了17個重點觀念，對於想創業或正在創業中的人，可以節省很多錯誤摸索的時間，打造一個成功的商業系統。

我歸納了幾個重點，提供參考。

1. 先找出核心競爭力最強的產品或服務。並確保產品是可傳授，有高價值並且可以重複消費的商品。
2. 將各個標準流程建立，打造成功方程式。
3. 捨棄非核心的業務，直到核心業務成為業界最強的公司之一，才能繼續發展其他項目。
4. 授權給優秀的經理人，讓他們獨立運作，並獎勵他們。
5. 讓系統自行運轉，就算沒有你也不會停擺。

（本文作者為歐易亞科技股份有限公司〔iChannels通路王〕創辦人兼總經理）

【推薦文】

增加一甲子的功力

文◎李昭樺博士

創業者為了應付每天層出不窮的難題，常常忙到忘了最根本的價值：要將公司帶往何處？《公司賺錢有這麼難嗎》提供了一個讓我重新審視自己公司的機會。從寶貴的十七招中作者面面俱到的提醒了我們經營企業應該注意的問題，從內到外，由近而遠一步步改善公司的體質。其中幾招將看似複雜的問題簡單化的方法讓我印象深刻，不但巧妙的化解了難題，更替公司帶來根本的質變。看著書中虛構出來的史氏企業的改變，令人佩服叫絕。這是作者在成功打造四家公司後的畢生功力精華，扎扎實實讓我增加了一甲子的功力。

（本文作者為兔將創意影業執行長）

【推薦文】

可以振奮創業者的一堂課

文◎周鼎軒

我想這是一本想要創業者、即將創業者、以及正在創業者一定要看的一本書。

通常一個新手創業者，包括我自己，都是過分樂觀，或是太過理想化的人，想著自己的想法一定會被眾人所接受，推出的產品服務一定會大受歡迎，然後公司賺大錢，到美國上市，從此自己過著幸福快樂的生活……。

但是現實往往不是這樣！

產品開發的時程比想像中久，客戶沒有一開始就喜歡你的東西，訂單並沒有如雪片般飛來，而公司每天開門都要支付薪水、房租、水電。慢慢的，你一開始準備的資金不那麼足夠了，於是你願意忍痛釋出部分的股權給外部的投資人，你開始洽談金主、天使、創投。他們要你準備營運計畫書，準備未來三到五年的財務預估，要你預測未來的市場變化，有時候甚至是未來十年的現金流量……。

最後，你耗盡心力準備了他們要的　一份計畫與文件，但是終究，你還是沒有拿到那筆資金，因為他們評估到最後，你的公司不值得投資……。

會不會一開始出發的思考點就是錯的？

會不會一開始你就根本不知道如何建立出一個對別人來說有價值的公司？

《公司賺錢有這麼難嗎》裡頭所描述的市場與環境或許跟台灣的情況不是一模一樣，不過泰德教導亞力的17個觀念，都是很值得創業者去思考的點，可以幫助創業者，換一個角度去想想，如果你是準備要投資或是準備要買下這家公司的人，你會在乎什麼？你會考慮什麼？你願意出多少錢來購買這家公司？

在閱讀書中的故事發展，我彷彿跟著亞力經歷著整個過程。跟著檢視公司的核心價值，跟著專注在一種業務，跟著學習泰德的思考模式，跟著面對過程中的各項問題，並且隨著亞力的公司的脫胎換骨而雀躍，最後順利達到亞力許下的目標價格售出公司而感到滿足。這真是可以振奮創業者的一堂課！

在這當中，泰德所提的第一招「不要包山包海，要做專門生意」尤其讓我認同，因為這是許多創業者難以割捨的痛。六年前午餐王剛剛上了軌道的時候，網站一開始的成長曲線其實頗為不錯，但是那時候心太大，也太天真，竟同時投入了不少時間與資源去開設實體通路。回頭想想，當時的自己根本沒有本錢跟資源同時兩邊打仗，雖說兩邊或有相互拉抬的功能，但是兩種業務的核心價值差異頗大。如果那時候可以更加專注於網站上，也許會有不同的結局。

衷心期望每一個創業者在閱讀完這本書之後，都能夠有所體會，也有所堅持，順利地創造自己公司的價值。當然，也包括我！

（本文作者為大麥網路股份有限公司執行長、17Life 共同創辦人）

【推薦文】

我怎麼可能賣掉自己的小孩？

文◎程昀儀

我發現，我錯了。

任何一個跟我有同樣想法的創業者，都應該拋棄這個自以為仁義道德的念頭！好險這本書提醒了我。這個想要好好守護它、拉拔它長大的念頭，才不枉自己傾青春歲月心血打造品牌的「責任感」，其實是限制住公司或企業正常的成長發展、不讓它有獨立自主能力的一種過度保護，眉角真的跟養小孩一樣。但是每一對父母從來都不認為培育教養小孩成材，為的是要讓小孩賴在我們身邊，依靠我們到終老吧！

原來，經營公司也一樣，更重要的是，公司不是我們的小孩，公司有它的社會責任，更有屬於公司全體員工的生命力，它會自然而然延伸到……有一天我們——創業者——都有可能得放手，讓它飛得更高、更遠。那才是所有創業者真正的初衷！的確，我們得從現在就開始打造它，讓它變成搶手貨。

當然，我們不打算……賣掉自己的小孩！但我已明白，到我們退休的那一日，掌生穀粒會更健康、更壯大，一定要成為讓後繼者持續發光、發熱的舞台！

（本文作者為掌生穀粒創辦人）

代序

文◎鮑・柏林罕 (Bo Burlingham)

在《企業》(*Inc.*) 雜誌待了將近三十年，並先後擔任過資深編輯、執行編輯，到成為自由編輯，我遇過多位良師，在創業方面帶給我醍醐灌頂的洞見。我從他們身上學到了很多東西，尤其是公司經營根本上的矛盾思維，但卻是最聰明的創業家都在做的：你永遠應該把公司當作永續經營的事業，但也應該不斷努力來提高它的價值，建立各項優勢，使得在有買家要收購你的事業時，隨時都能以最高價賣出去。

這就是傑克・史塔克 (Jack Stack) 的理念。他是密蘇里州春田市 (Springfield) 春田控股公司 (SRC Holdings Corp.) 的共同創辦人暨執行長，我和他合寫過《春田再造奇蹟》(*The Great Game of Business*) 和《你的企業，我的事業》(*A Stake in the Outcome*) 這兩本書，探討他和同事在創立這樣的企業時，所採用的機制。這也是創業老手諾姆・布洛斯基 (Norm Brodsky) 的理念。我和他寫過另一本書《師父：那些我在課堂外學會的本事》(*Street Smarts*)，以及《企業》長期刊載的同名專欄。

這正是約翰・瓦瑞勞的理念。事實上，約翰把這種做法稱為「取捨策略」，而不是

「退場策略」。這個觀念是指，未來要盡可能擁有最多的選擇。他說，當你採用取捨策略時，你就要在身邊建立起系統和管理團隊，好在買家出現或你斷定為理想的抽身時機到來時，一手經營的事業已具有好的賣相。或者你可以另外延請總裁，自己則擔任董事長的角色，這也算是一種半退場方式。或者你可以每天繼續投入，設法打造出「少了你也能運作下去」的長青公司。

重點在於，最好的事業是具有賣相的，聰明的生意人也都相信，你應該把公司打造成有賣點的公司，就算你無意馬上賣出套現或抽身也一樣。假如你也相信這點，那本書正適合你。在《公司賺錢有這麼難嗎》中，約翰精彩絕倫地闡述了企業買主所側重的公司特質，而且他採用的是讀來令人不忍釋卷的寫作方式：講故事。雖然故事中的主角亞力·史所擁有的是廣告公司，但他所學到的基本功，適用於任何一種事業，所以看完後肯定能增強你的功力，好好去思考要怎麼樣讓自己的公司具備賣相——無論你經營的是哪種事業。

在這個經營課題上，約翰絕對是適當的導師人選。很少有人比他還了解中小企業。我最早耳聞他的大名，是因為他的事業瓦氏公司（Warrillow & Co.）每年都會舉辦一場座談會，來協助《財星》（*Fortune*）五百大的行銷人員，找出向中小型公司推銷的方法。會中探討中小企業需求，以及如何有效打進這塊市場，成為當時最熱門的座談會活動。除了座談會，瓦氏公司還會根據每年對大約一萬位中小企業主的意見調查，發表深入的研究論文。曾有上百家大公司耗費鉅資，向他的公司購買這些論文，裡頭分享了約翰與夥伴們歷年來磨練出的精闢見解。約翰本身主持過談創業的廣播節目，並且是全國聯播。那其實就是他的創業之始：大公司開始找他來擔任進軍中小企業市場的顧問。接著在二〇〇八年，他賣掉了瓦氏公司。要是沒有打造出少了他還能繼續蓬勃發展的事業，他是不可能順利賣掉公司的。

這本書之所以這麼棒的原因就在這裡。約翰．瓦瑞勞對創業家非常有研究，在廣播節目中就訪問過數百位。他自創了一家針對中小企業市場經營的公司，又把這項事業賣給了別人。如果你想了解究竟要如何打造有賣相的事業，先聽聽有親身經歷的人怎麼說，這永遠是上上之策。而約翰．瓦瑞勞就是你的不二人選。

（本文作者為《企業》雜誌主任編輯，以及《小，是我故意的》[*Small Giants*] 作者）

自序

本書主題是，要如何打造出少了你也能蓬勃發展的事業。當你的事業少了你還能運作下去時，你就擁有了一份有價值（可出售）的資產。我原本可以把這本書寫成逐步操作、塞滿核對清單與圖表的指南，但我反而選擇了講故事。

這個故事是關於一位名叫亞力．史的虛構企業主，他想要把自己的事業賣掉（在這個例子中是一家廣告公司）。這項事業很成功，亞力得到了客戶的死忠追隨，但他卻有個問題。由於他在這方面的經驗最豐富，公司的生意大部分也都是他做成的，因此不令人意外的是，亞力的客戶全都要他親自處理案子。

由於分身乏術並忙著到處滅火，亞力陷入了停滯期，他發現自己的事業無法更上一層樓。當他決定賣掉時，亞力找上他的老朋友暨成功的企業家泰德．葛。隨著泰德教導亞力怎麼把他的事業變成有賣相的公司，故事也就此展開。

這個故事雖然是虛構的，但對許多企業主來說，亞力的經驗卻非常真實。美國的企業大約有兩千三百萬家，但每年只有幾十萬家能脫手賣出。這表示在每一家賣得出去的中小企業背後，大概就有一百家是賣不出去的。本書提供的架構與行動計畫，旨在確保你能躋身到難得的百分之一當中。

這個故事並非自傳。亞力和泰德融合了我在中小企業市場上打滾十五年所遇到的人，還有所得到的經驗。第一次瞭解什麼是企業主，是我大學剛畢業不久的時候，當時人生還沒有方向，有次跟著父母去參加表揚成功創業家的頒獎典禮。聽完他們精彩的人生故事後，我便決定要開個廣播節目來分享這些故事。這個廣播節目叫作《今日創業家》(*Today's Entrepreneur*)，我在週間每天會分別訪問一位創業家，前後長達三年。我創立過一家會議籌辦公司和一家行銷工作室；後來花了十二年開辦研究公司，協助公司鎖定中小企業客戶。我們每年都會訪問、調查一萬多位企業主，設法挖掘出他們內心深處的想法。我相當幸運地遇過幾位事業導師，他們的睿智就濃縮在泰德·葛的角色上。

我從這些導師的身上學到了一件最重要的事，那就是：就算你有時候很難想像自己會想離開花了這麼大功夫所創立的公司，但還是有很多理由會讓人想打造出一家有賣相的事業：

◎你的公司可能是讓你能舒服退休的最佳機會。

◎你可能想開創另一項事業。

◎你可能需要現金來支應個人的財務缺口。

◎你可能想留更多的時間給自己。

◎你可能想在夜裡睡得更好，因為你知道自己「有辦法」在想要或需要的時候把事業賣掉。

當然，這只是舉例。但無論是什麼因素激勵你想打造出有賣相的事業，我都希望你會覺得亞力和泰德的故事，對你有所鼓舞與幫助。

請上 www.BuiltToSell.com 加入企業主社群並保持聯繫，共同分享如何打造出少了自己也能蓬勃發展的事業。

約翰．瓦瑞勞 (John Warrillow)
Twitter: @JohnWarrillow
Facebook.com/BuiltToSell
每週部落格更新：BuiltToSell.com/blog

CONTENTS

目錄

亞力．史的故事是一部商業小說。姓名、人物、事業、組織、地點、事件和情節都是出自作者的杜撰，以虛構的方式撰寫。若與現實的人或已故者、事件、場所有任何雷同，純屬巧合。

第一章

一團亂的公司

亞力．史開著荒原路華休旅車(Range Rover)進入蒙亞銀行的停車場。他拿起後座的公事包，就往門口衝去。照例很快看了一下錶：早上九點〇六分。他又遲到了。因爲經常來訪，亞力的大名已被列入接待處的名單裡，保全也對他揮了揮手。他找到了一台空電梯，並按下往十八樓的按鈕。從辦公室出來後，他總算可以好好喘口大氣。

門一開，亞力就衝到走道上，並直奔會議室。他在蒙亞銀行開會時，一向都是去那裡。他的客戶約翰．文正在等他，而且看起來很煩躁。「抱歉我遲到了，約翰。星期五的交通眞會把人給逼瘋……」

「你有帶樣張來嗎？」約翰不耐煩地問道。

約翰在這家銀行服務了七年。他商學院一畢業就找到了業務經理的工作，有幾年都在對小企業放款，後來才到銀行的總部擔任行銷工作。早禿又矮胖的他似乎對生活事事不滿，而且即使沒有受過正規的行銷訓練，他還是堅持要主導亞力作業上的每個細節。

亞力打開公事包，擦了擦額頭，以便在長途跋涉後定一下神。他呈上第一款設計，約翰並不買帳。亞力剛要開始解釋設計人員對東西的構想，他便揮手打了回票。

「看下一個吧！」

在亞力把八種概念全部報告完，好幾週的心血也被壓縮成不到三十分鐘的時間後，約翰才慢條斯理地挑出一種設計，然後下達指令。他要另一種插圖，字型要改，紅色要偏橘紅，而不要亞力的美編用的粉紅。約翰囉哩叭唆地提了一堆意見。亞力覺得自己好像回到了國小。儘管完全不夠格，約翰對於他藝術評論家的新角色卻似乎樂在其中。走出會議室時，亞力向約翰保證，星期一早上會提出另一批樣張。他把車開出了停車場，心裡大受打擊。

假如約翰・文這種客戶算是特例，亞力倒還受得了。倒楣的是，亞力有一堆客戶都是像約翰這樣：工作蹩腳的行銷經理，而且似乎很喜歡對廣告公司頤指氣使。

亞力八年前創立史氏公司，之前則是在一家跨國廣告公司裡力爭上游。當他覺得那份工作能帶給他的東西已寥寥無幾後，他便認爲自己需要新的挑戰而自行出來創業。他一開始是爲中小企業設計商標和簡介，後來逐漸往上游發展，而成了蒙亞銀行的合格供應商。有了合格供應商的資格，史氏公司一方面不用擔心蒙亞銀行不付錢，一方面也躋身不長的備用名單內，有機會取代銀行原本的統籌廣告代理商（agency of record）。當銀行的主要廣告公司不接小案子，銀行就會找上史氏公司。

亞力創立公司時，夢想著要做預算很大的重大廣告案。他幻想著跟企業的行銷長舉杯共進午餐，偶爾去指導一下模特兒和演員。他想追求那樣的人生。然而事與願違，如今的他得傷腦筋要如何說出口，叫美編人員週末來加班，全都是因爲客戶有位中階主管從來沒上過設計課，評論設計也完全不夠格，卻堅持要改東改西，等於是把整個設計翻案。

史氏公司開在市區的高檔地段，就在鬧區的西邊。爲了這個超過實際需求的大空間，亞力每個月要花掉四千美元，目的是希望能讓客戶覺得他的公司很有規模。辦公室裡具備了一切搞創意的公司該有的風格：裸露的磚牆、用玻璃圍成的會議室、十二英尺長的會議桌、固定式的高射投影機。可惜這間辦公室很少發揮作用，因爲蒙亞銀行堅持要亞力過去他們那開會。

回到辦公室時，亞力想要偷溜進自己的辦公室，而不讓資深美編莎拉．巴發現，但她聽到了他鑰匙的聲音，從電腦後面探頭出來。

「結果怎麼樣？」

「很好。他改了一些，但沒有要大改。我過幾分鐘來找你。」

說完，亞力便走進自己的辦公室並把門關上。他需要咖啡。當天的郵件已擺在桌上，他很快瞄了一眼，看有沒有蒙亞銀行令人熟悉的藍金色商標。他在等支票寄來。

亞力思索了一番，訂出了接下來幾個小時的重要事項：吩咐莎拉把蒙亞銀行要修改的地方給搞定；到城的另一區去吃午餐；回來後則要寫提案書，並找時間打電話給銀行。

亞力一把話說出口，莎拉就賞了個白眼。他知道莎拉爲這個案子付出了多少心血，也做得很不爽，所以他試著以婉轉的方式來傳達約翰的指令，以免打垮她的士氣。她認了壞消息，戴上抗噪耳機來自絕於這個悲慘世界，並開始尋找色度適合的橘紅色，好讓客戶大人滿意。

亞力很氣自己對約翰唯唯諾諾。他覺得很無力，但現實擺在眼前，史氏公司得罪不起蒙亞銀行這家客戶。史氏公司上個月總共進帳了十二萬美元，該銀行就占了四萬八千美元。亞力、莎拉和史氏公司的其他七位員工都少不了蒙亞銀行。

路上車流擁擠，亞力在當天的第二場會面也遲到了。珊蒂．葛坐在餐桌前，啜飲著聖沛黎洛(San Pellegrino)礦泉水。她在一家律師事務所掌管行銷部，並當了亞力五年的客戶。這家律師事務所從來沒有爲史氏公司帶來過豐厚的入帳，但卻很穩定，這也表示亞力每季都必須請吃一次中飯。而對珊蒂來說，亞力的中飯則讓她在伺候那些目中無人的律師之餘，可以好好放鬆一下。

服務生過來問他們要不要點飲料。亞力原本要點健怡可樂，卻被珊蒂給搶先了一步。

「我要一杯你們的特選白酒。」

亞力那天下午有太多的事要做，但他知道要是讓珊蒂獨飲，這頓飯吃起來會太尷尬。

「我也一樣。」亞力一面說，一面向自己保證，喝一杯就好。

珊蒂是個五十歲左右的離婚婦女，比亞力大了十歲。她以跟他調情爲樂，而亞力也很配合，因爲他知道，犧牲一點無傷大雅的色相，案子就會源源不絕而來。

前菜下肚，酒也添了一杯又一杯。珊蒂大聊特聊她所伺候的律師，亞力則聽得愈來愈意興闌珊。到最後，服務生來收餐盤時，他們表示甜點就免了。珊蒂要了杯咖啡。兩人一搭一唱又隨便聊了十分鐘後，亞力點了杯濃縮咖啡。

帳單送來了，亞力掏出了信用卡。擁有史氏公司的其中一個好處就是，他每個月有八千美元的額度可以刷卡報帳，並因此累積了一筆可觀的旅遊點數。他也向自己保證，今年就要用這些點數帶太太和兩個孩子去度假。服務生一退下，亞力就坐立難安，並祈求卡神能體諒他一點。他上個月遲繳了卡費，所以在帳戶恢復信用前，卡都不能刷。他的帳單在這個星期的某個時候又要到繳費期限了，他祈禱期限日還沒過。

服務生回來了。信用卡逃過了銀行信用部的法眼。亞力笑著把卡拿回來，在單據上簽了名，並繼續設法從午餐中脫身。珊蒂隨口提了一些場面話，大概提提接下來有哪些案子需要史氏公司的幫忙。亞力假裝聽得津津有味，最後才順利閃人。

在路上又帶了一杯咖啡後，亞力才回到辦公室去處理他打算在那天下午搞定的招標提案書。招標人是當地一家運動用品零售店，名爲城運貨倉，由於對原本的廣告商漸感不滿，想找新的廣告代理商來承接所有的業務，包括報紙廣告、當地的廣播廣告、商店的橫幅廣告，以及電子商務網站。

亞力知道，平面廣告和店內看板可以由他的團隊來搞定。在廣播廣告的部分，他有個在製作公司的朋友可以幫上忙。網站的部分多半要外包，但這點不必讓城運貨倉的人知道。

在把公司沿革、以往的創意實績和所獲獎項這些必講的廢話寫上去後，亞力開始估算收費。跑不掉的成本包括要付費租錄音室的時間、打樣，以及給外包的網頁設計人員。接下來他試著估算內部員工的時間。他的美編收費標準是每小時兩百美元，他自己的時間則是每小時三百美元。這些多半是研究過競爭對手怎麼收費後，長期下來所訂出的市場行情。

亞力很討厭估算時數的過程。他知道這是門不精確的科學，他實際投入的時數一點也不符合他所算出來的數字。創作廣告內容是個來來回回的過程，他的時間根本沒辦法精確估算。

花四個小時做完一些模棱兩可的算術後，提案書出爐了。此時是下午六點半，他沒趕上聯邦快遞人員當天的收件時間。於是在回家的路上，他便親自把提案書送去收件中心。他把東西交給了店員，並祈禱能簽到城運貨倉這家客戶，好讓他能減少對蒙亞銀行以及像約翰．文這種人的依賴。

亞力看天色晚了，也知道瑪莉．丹通常會早點下班回家陪小孩，所以他研判現在打電話過去應該很安全。瑪莉是他在蒙亞銀行的客戶經理，而當他擠進該銀行的合格供應商名單後，銀行便要他把企業帳戶轉過去。亞力刷爆了十五萬美元的信用卡額度，但只要不跟瑪莉直接講到話，亞力就能避免再聽一次有關現金周轉的大道理。諷刺的是，他今天就是在等瑪莉的東家寄支票來，但卻沒消沒息。

亞力留了一通語音留言向瑪莉解釋說，等他一收到該寄來的支票，他就會把卡費給繳清。他希望能讓他通融幾天。史氏公司讓亞力有一份不錯的收入，以及一台可以抵稅的好車。他開著荒原路華去跑業務，而且只要出去跟朋友吃飯，一定由他買單。去年除了十萬美元的年薪，他還有辦法發給自己十五萬美元的獎金。生活還不賴，但現金流量卻時好時壞，而且這不是他第一次在下班時間打電話給瑪莉了。

亞力星期六時在辦公室待了很長的時間，說是要趕報告，而且的確也有此需要。但他之所以把太太和小孩送去逛街，而獨自回到辦公室的主要理由卻是，這樣才能就近看顧莎拉的工作。她是他最優秀的美編，但她並沒有像他一樣親耳聽到約翰．文的批評。他們兩個人在那天下午離開時，他覺得一切都已在莎拉的掌握中，所以星期日應該很快就可以完成。

星期一早上，亞力跟一位在當地擁有一家汽車經銷店的老客戶約了吃早餐，所以過了早上十點才進辦公室。他一進門，就知道那天麻煩了。他的門上貼了一張莎拉留的紙條：

星期日下午四點

亞力：

我們得談談。

莎拉

這可不太妙。他去年才把莎拉從對手的公司挖過來，而且蒙亞銀行的工作全都得靠她來處理。亞力認命地走到了莎拉的桌前。

她從工作中抬起頭來。「我們去你的辦公室談。」

莎拉跟著他回到了辦公室，並把門關上。她一點都不浪費時間。「聽好，亞力，我喜歡你和這裡的其他同事，可是我要回老東家曲線設計了。我會把蒙亞宣傳手冊的案子給做完，可是做完後我就要走了。」

亞力感覺被潑了盆冷水。他知道自己無法置喙，也無計可施。週末來加班修改蒙亞銀行的宣傳手冊，以迎合對設計一竅不通的客戶，莎拉終於被逼到了極限。

在談話的尾聲，亞力勉強講了幾句話來感謝她的付出。兩個人都知道，傷害已經造成，沒有人願意走到此刻這個地步。莎拉回到了她的耳機和電腦前，亞力則坐回椅子上，把公司其餘的人想了一遍。

亞力的心裡清楚得很，他底下其他的人都是泛泛之輩，莎拉才是箇中翹楚。他有另外兩個屬於通才型的美術設計。他們做得出中規中矩的宣傳手冊、實用的網站，以及差強人意的平面廣告，但沒有任何一項做得專精。他的客戶總監同樣表現平庸。在加入史氏公司前，狄恩．李在當地一家大廣告公司擔任專案主任。經過兩次晉升客戶總監不成後，狄恩一下子就被亞力延攬過來擔任客戶總監。亞力知道，頭銜是他可以拿來大方給的工具。

蕊娜．蘇是史氏公司的另一位客戶總監。她很有效率，對細節也很注意。但身為客戶總監，她還要負責她並不擅長的廣告策略。

儘管（或者就是因爲）有了狄恩和蕊娜，史氏公司的客戶還是全都想找老闆。亞力的名字是門面，所以每次在拜會客戶時，幾乎都要由他出馬。莎拉走人後，這代表其他的美術設計就得加班了。他需要靠狄恩和蕊娜來應付更多的客戶，他則要花時間招攬新的美編。他原本就表現平庸的團隊會忙得焦頭爛額。

在創立公司時，亞力夢想著要延攬到當地最優秀的人才，付給他們高薪，建立令人稱羨的工作環境，最後賣給跨國的廣告公司。而在現實上，他所擁有的卻是二流的庸才，爲無知的客戶疲於奔命，這跟他的夢想實在天差地別。

亞力受夠了日復一日的賣命工作，心想該是把公司賣掉的時候了。

第二章 一文不值的事業？

泰德．葛是亞力家幾十年來的世交，當初也鼓勵他創業。這些年來，泰德創立過幾家事業，爾後成功出售，亞力看著泰德個人的財務愈來愈自由寬裕。

泰德創業很多次。他的第一筆一百萬就是靠著創立保險公司，最後再把公司賣掉所得。接著他又開了顧問公司，並把公司賣給了一家全球企業。他在幾年前還賣掉了一家商用不動產公司。年屆五十九時，泰德已創立、打造、出售過五個事業。他的資產淨值有八位數之譜。泰德不僅事業成功，生活也很圓滿。泰德結婚二十六年了，兩個孩子都已成年，還是會找他談心。他每年冬天會去滑雪，夏天則到海濱別墅度長假。一切似乎都在泰德的掌握之中，於是亞力決定打通電話給他。

「嗨，泰德，我是亞力。」

「哦，亞力，你好不好呀？」

「還可以。你介不介意我去拜訪你？我在考慮一件事，想請你給我點意見。」

泰德的辦公室位在鬧區一棟大樓的頂樓，從那裡可以俯瞰河景。亞力一到，接待人員就告訴他說，泰德馬上就出來。幾分鐘後，泰德走出了辦公室，一把摟住亞力。

「我想你見到辛蒂了。她有沒有說要倒杯水給你？」

「有，我說不用了，謝謝。」

他們走進辦公室，下方的河景一覽無遺，盡收眼底。辦公室很大，大概有一千平方英尺，裡面擺了泰德的全家福照，還有一張厚重的橡木桌。亞力心想，很多案子八成就是圍著這張桌子談成的。他們沒用到桌子，而是來到一個更舒適的角落，那裡有兩張皮椅，中間擺了一張玻璃茶几。泰德把腳架到了茶几上。

「你怎麼會想到要來找我？」

亞力知道他可以信賴泰德，於是便有話直說。「我決定了，我想把公司賣掉。」

「這可是個重大的決定，亞力。咱們先別急，你爲什麼決定要賣掉公司？」亞力將事情來龍去脈一吐爲快，包括蒙亞銀行、莎拉的狀況，提及其他資質平庸的同事，以及公司捉襟見肘的現金周轉。他談到客戶老是指定要找他本人，以及公司過度依賴蒙亞銀行的種種。泰德很仔細地聽，時而提出問題釐清狀況。

大約半小時過後，泰德問了一個有點不搭軋的問題。「在雞尾酒會上，你會怎麼向陌生人介紹你的事業？」

亞力想了想，有點沮喪得回答這個泰德明知故問的問題。

「我們是一家廣告公司。我們製作廣告宣傳品，像是宣傳手冊、平面廣告和網站。」

「你們的競爭對手是誰？」

亞力一一點名了當地的廣告公司。

「其他的小公司，像是雷諾、菲爾和曲線設計。有時候案子根本搶不贏大公司。還有很多個人在接案，以及……」

「所以你經營的專業服務事業十分仰賴一小群重要的客戶，他們的任何差遣都需要你親自打點。而且你還要跟很多提供類似服務的業者競爭。」

「可以這麼說。」

沉吟片刻後，泰德提出了他的評價分析。「亞力，你的事業目前幾乎是一文不值。」

亞力簡直不敢相信自己的耳朵。他花了八年打造史氏公司，現在他人生與事業上最尊敬的人卻說它一文不值。

「你是說我的公司賣不掉？」

「不是，我是說你『目前』賣不掉。假如你想賣掉的話，我們就得設法把你的事業稍作調整。我幫得上忙，但事情沒那麼簡單。你得做出一些困難的決定和大膽的改變。你準備好要聽我的建議了嗎？」

「準備好了。」

「我們每週二早上九點來這裡碰面。同時我要你在離開後想一想，你們擅長的究竟是哪種案子。下星期回到這裡，我們來談談要怎麼樣才能把你的事業賣掉。」

在回辦公室途中，亞力打開手機查看電子郵件。約翰・文看到最新版的設計了，結果宣傳手冊還是得再修改。

回到辦公室後，亞力把當週要完成的案子擬了一份清單。除了要想辦法安撫約翰・文，史氏公司還得為蒙亞個人金融部門設計及印刷「免費支票帳戶」的分行海報；為當地最大的寶馬汽車經銷商重做網站；為當地一家自行車店優化網站，以提升它的自然搜尋排名；為一家新的軟體公司設計商標；還要為蒙亞信用卡部門撰寫直郵廣告的文案。

這星期會很忙，所以亞力需要每位員工更賣力。

趁還沒慌張起來之前，亞力強迫自己去處理當天的第一項工作——審閱他唯一的文案專員湯尼．馬遞交的最新文案，那是他爲蒙亞銀行新的旅遊積點信用卡草擬的直郵廣告。從每個方面來說，湯尼都是個平庸的寫手，但卻選擇走入廣告業，因爲他覺得這樣比較能吸引異性。他讀大學時成績中下，畢業後三年就換了五家公司。在他的履歷上，湯尼把長期的待業解釋爲「自由接案」，其實不過就是冠冕堂皇的藉口，時間都浪費在打電動和線上撲克上。湯尼也不知道怎麼在一家當地盛名的公司裡找到短期工作的，所以當亞力八個月前急著找文案人員時，才經過半小時的面談就錄取了湯尼。

如今亞力很後悔自己的草率。湯尼最新的文案硬湊了一串無聊的老梗，拼字和文法錯誤百出，而且這已經是他重寫的第三份草稿了。亞力在紙上畫了一條長長的黑色對角線，然後在紙頭批示「重寫」。他把文案丟到桌邊，而且打定主意，只要一找到接任莎拉的人手，他就要請湯尼走路。

由於莎拉在負責約翰．文的案子，因此亞力把「免費支票帳戶」的分行海報交給了他最年輕的美編利揚．藍。利揚進來把他的設計拿給亞力看，儘管亞力覺得設計風格對銀行來說可能稍嫌前衛了些，但能做出設計稿已讓他鬆了一口氣；亞力要利揚早上就把海報的樣張印出來。這樣看來，克里．查就成了唯一可以來設計寶馬汽車霸迪經銷商的汽車網站以及自行車店網站優化案的美編人員。克里相當擅長做網站，但仍稱不上專門高手。靠著一些文案和標籤的改寫，他已讓這家車店在 Google 的「自行車」與「自行車行」的自然搜尋排名中擠上了第四和第五名。但客戶希望能在這兩類搜尋中名列一或二，於是克里向亞力報告了這件事。

「我沒辦法讓他們拿到第一。我會的招數全部使出來了，他們還是只排得上第四名。」

亞力只好親自再去跟客戶懇談一次。

利揚的母親是蒙亞銀行的行銷經理，所以亞力在六個月前才會想錄用他。設計團隊已傳出流言說，莎拉一走，利揚的機會就來了。

「欸，亞力，可以耽誤你一分鐘嗎？」

「好啊，利揚，進來吧。」

利揚走進亞力的辦公室，並把門給帶上。

「我到這裡有六個月了，最近大家都被操得很凶。我有好幾次都做到很晚，我想我該加點薪了才對。」

亞力一聽，心裡開始默唸著數字，免得脾氣一下子爆發開來。由於利揚的母親在蒙亞銀行上班，所以他的起薪比一般的新進美編多了一成。令亞力震怒的是，這個兔崽子趁著莎拉要辭職時來要求加薪，就是抓準了他不敢拒絕的時機。

仔細斟酌過用字遣詞後，亞力說：「你有什麼想法，利揚？」

「我想要是調高個五千元，我就能迎頭趕上設計學校的同行了。以現況來說，這樣似乎很合理。」

亞力決定給自己爭取一點拖延的時間。

「利揚，你是團隊中的重要成員，我也很感激你近來額外付出的心力。下星期再約個時間，到時候我們可以坐下來，花一小時好好談談你這半年來的工作進展。我會考慮你的要求，等我們下星期見面時，就會給你答案。」

利揚同意了，並聞到了獵物上鉤的味道。

隔週二，泰德盛情地迎接亞力，並同樣領他到茶几旁邊的那張皮椅上。

「所以你上週過得怎樣？」泰德問道。

「一場糊塗。」亞力坦承說。「我最好的美編要離職，我需要找個會寫信用卡宣傳文案的寫手、懂得破解 Google 黑盒子的網路設計人員，最資淺的美編也要求加薪，但是他連做個分行海報都還不太夠格。」

「聽起來你上週挺不好過的。」泰德說，「對於我上星期問你的問題，你有回去想一想嗎？」

亞力花時間思考了史氏公司眞正擅長的案件類型。一開始他將客戶寄來的致謝函和感謝狀仔細讀了一遍。他看了美編繳交的工時統計表，並由此來回顧他最賺錢的案子。他也把去年讓他吃盡苦頭的案子想了一遍，並把狀況最多的案子一一列出來。

「我們最擅長的部分似乎是商標設計。每次有客戶要創作產品商標時，我們就會依循一套程序進行。客戶很喜歡我們做出來的作品，我們的收費也可以訂得比較高，因爲客戶知道產品商標一用就會很久。每做出一個產品商標，我們就打開了一扇合作大門，當客戶再推出新產品時，也經常回來找我們。」

泰德想了想亞力的結論，「談一下你們在創作商標時所依循的那套程序。」

「不算是正規的程序，但我們一開始總會先請客戶描述一下對產品的願景，以及他們跟競爭對手的區隔。」

泰德開始做起筆記，「那聽起來是個不錯的起步。我們就稱它爲勾勒願景吧。」

第一步：勾勒願景

「那下一步呢？」泰德問道。

「訂出客戶的目標後，我們就會請客戶做個功課，把產品定位擬人化。比方說，我們會問像這樣的問題：『假如你們的產品是位名演員，它會是誰？』或者『假如你們的產品是位搖滾巨星，它會是誰？』另一個我們最喜歡的問題有點蠢：『假如你們的產品是塊餅乾，它會是哪種餅乾？』這些問題是在強迫客戶思考，他們希望商標傳達出什麼樣的個性。」

「那聽起來很獨特，亞力。我們把它訂爲第二步，並給它個名稱叫擬人化。」

第二步：擬人化

「你們設計商標的下一步會做什麼？」

「接著我們會回到辦公室，拿紙筆把一大堆點子的草圖徒手畫下來。我們會參考客戶的產業，配合他們的願景和定位，設計出幾個代表他們產品的圖案。」

「你們在這個步驟上為什麼不用電腦？」

「我們發現假如用電腦來呈現客戶的初稿，他們往往會把焦點擺在他們不喜歡的小細節上，而不去審視那個概念。所以我們只給他們看個粗略的草圖，好強迫他們把焦點放在層次較高的概念上，而不是顏色或字型的枝微末節上。」

「我們把這個步驟稱為概念草圖吧。」

泰德把這幾個字寫在筆記上：

第三步：概念草圖

「客戶通常會看中其中一份草圖，然後我們就以這張草圖為基礎，在電腦上畫出一個設計圖稿。同樣的，爲了限制客戶看到的變項，我們只會設計黑白稿。如此一來，在我們上色前，客戶只會針對商標設計上的優缺點來評判。」

「我從來沒聽過有哪家設計公司這麼做，非常聰明。」泰德在筆記上寫下了第四個步驟。

第四步：黑白打樣

「只有當客戶中意他們所看到的黑白稿時，我們才會給他們看顏色選項，讓他們選出一種來。顏色選好了以後，我們會把電子檔和品牌識別標準手冊交給客戶，然後就大功告成了。」

泰德在紙上寫下了亞力的最後一步流程。

第五步：設計完稿

「這樣聽起來，你們的商標設計流程有五個步驟。」

泰德把筆記本立起來，好讓亞力可以看到他寫了什麼。

亞力一看到泰德的筆記才赫然發現，他們在不知不覺中採用了好一陣子的流程，突然就這麼躍然紙上。

「假如你的公司依照這五步驟商標設計流程，完全只做商標的案子，你覺得怎樣？」泰德問道。

亞力立刻就退縮了，「我們不可能光靠商標就把生意做起來的！蒙亞銀行根本不常找我們做產品商標，但我們目前有四成的生意都得靠他們。再說，其他的客戶都把我們當成了自家的廣告公司，所以各式各樣的案子都會請我們來做。」

「問題就出在這裡，亞力。你們接了太多不同的案型，所以團隊裡需要各式各樣不同的人才。你們是家小公司，於是你只好雇用一些通才，而他們勢必不像大公司請得起的專才那麼厲害。所以你等於是要通才做專才的工作，他們的表現自然遜色。」

泰德的第一招

不要包山包海，要做專門生意。假如你專心把一件事做好，並聘請那方面的專才，你的工作品質就會提升，你也會比競爭對手更勝一籌。

「但要是我們只做商標，我們就必須把蒙亞銀行的生意拒於門外。」

「亞力，依賴蒙亞可以讓你們賺到一些錢，但卻會讓你很難把公司賣掉。沒有人會想收購有四成營收是靠一家公司來支撐的事業，因爲風險太高。假如你想要把公司賣掉，你就應該擁有一群形形色色的客戶，而且沒有一家公司案子占你的營收超過一〇%到一五%。」

泰德的第二招

極度仰賴一家客戶很危險，而且會讓潛在買主打退堂鼓。單一家客戶的進帳占公司營收務必不能超過一五%。

亞力對這個建議思索了片刻後，繼續往下追問。「那你有什麼明確的建議，泰德？」

「在我所賣掉的每家事業中，我們都有建立標準服務程序，並以這套標準流程來提供產品或服務。我們的產品或服務一定是客戶定期需要的東西，這樣才能創造出經常性收入。我建議你當一家全世界最出色的商標公司。把你的五步驟流程寫下來，然後開始跟潛在客戶談你的標準服務程序。我不是要你現在就放棄其他客戶，而是要你把五步驟商標設計流程開始運用在新的潛在客戶身上。把你創作商標的流程寫成一頁說明書，然後找出十個人來推銷。下星期回來時，告訴我你進行得如何。」

第三章 實行新業務

亞力翻了翻郵件，蒙亞銀行的支票還是沒寄來。他把辦公室的門關上，思索著他的資金調度。史氏公司每個月的人事開銷要四萬三千美元，辦公室月租則要四千美元。他可以把供應商的請款往後延，但月底最少要拿出四萬七千美元。他瞄了一眼應收帳款明細，發現有六萬八千美元的款項已經逾期六十到九十天。除了一些付款慢吞吞的小客戶，亞力還看到有一張五萬兩千美元的發票未付款，是在六十五天前開給蒙亞銀行的。這家銀行通常是六十天內付款，這次雖然不是拖太久，可是亞力就快火燒屁股了。蒙亞銀行是他最大的客戶，他並不喜歡拿請款的事去煩他們，可是他知道，他不能再等下去了。

亞力寫了封言簡意賅但語氣誠懇的電子郵件，寄給蒙亞銀行策略採購部的拉夫・史，希望能得到好的結果。

嗨，拉夫：

希望您一切都安好。我寫信來是要確定，您們有收到編號一二一六七三的發票，金額是五萬兩千美元。假如有空的話，能不能麻煩您知會我一聲，確認有人在處理？

十分感謝。

亞力

亞力希望很快就能收到回音。

把所有想到可以改善現金周轉的事做完後，亞力仔細推敲著他和泰德最近的談話，以及他列出的五步驟商標設計流程。他有五天可以拜訪十位潛在客戶。他很快就做好了單頁說明書，要克里排版好，然後印出十份色稿。

亞力把史氏公司的耶誕卡寄送名單看了一遍，並把他有好一陣子沒聯絡的名字標示出來。他發了二十四封電子郵件，希望起碼能跟十個人會面來推銷他的新商標設計服務。

亞力的頭兩場會面不太順利，他的推銷技術還有待加強。第三場要拜會的是莉奇．艾。莉奇是天然食品公司的老闆，這家有機食品公司專門製作限量的優格和乳酪。鄰近地區的食品專賣店大部分都是向他們公司進貨，史氏公司曾在幾年前替他們架設過網站。

亞力來到莉奇位於市郊的產品工廠的小辦公室。兩人先是一陣寒暄後，才言歸正傳。

「對了，莉奇，聊聊你們正在研發的新產品吧。」

「我們即將推出低脂的優格，而且春季還計畫推出新的有機冰淇淋系列，公司上下都很興奮。」

「冰淇淋系列聽起來對你的事業可以加分不少。你想好名字了嗎？」

「天然小點有機冰淇淋。」

「好名字。天然小點有商標了嗎？」

「還沒有。」

亞力看到了機會，便開始推銷起他的五步驟商標設計服務。

「莉奇，我們幫你架好網站已經有一段時間了。這些年來，我們有幸跟一些很棒的客戶合作，包括你和你的團隊在內。最近我把所有做過的案子評估了一遍，得到的結論是，我們十分擅長設計商標，所以我們決定專精做這個業務。我們發展了一套五步驟流程來設計商標，而且也爲客戶做出了一些很棒的作品。」

接著亞力拿出產品說明書，向莉奇介紹他在泰德的幫助下所畫出的流程。

「這個流程聽起來很棒。我很樂意請你們來替我們新的冰淇淋系列設計商標。你能不能寄份提案書給我？」

莉奇對於五步驟商標設計流程的反應讓亞力大受鼓舞，於是回到辦公室後，他便坐下來開始寫提案書。由於已親自向莉奇解釋過做法，因此他只需要附上標價即可。亞力先估計所需要的工作時程，他翻閱商標設計案的舊單據，並把莉奇審核需要的一些往返時間算進去後，估計整個流程將耗時八到十二週，合計史氏公司要投入的收費工時爲三十五小時。

亞力並沒有把工時收費標準寫進提案書裡，心想案子既然已經解釋得這麼清楚，那就冒個風險，把五步驟商標設計服務統一收費，訂爲一萬美元。費用裡包括了他認定的商標價值、公司要花的時間，加上直覺，完全稱不上科學。

他用電子郵件把估價單寄給了莉奇，並暗自禱告。

到星期五下班前，亞力已經見了六位老客戶向他們推銷五步驟流程。他正在歸納自己的心得時，聽到電子郵件來信時的熟悉提示音。莉奇回信了。

亞力：

謝謝你這麼快完成估價，我們就照著你的提案書來進行。我在你的估價上簽了名，並以 **PDF** 檔附上。等你要針對第一步流程開會時，再通知我。

莉奇・艾　上

亞力振臂一揮，開懷地笑了。他的新商標設計服務有了第一位客戶。

亞力難掩興奮地來回踱步。正當他沉浸在新案子的喜悅中時，他低頭一看手機，有一通未接來電。瑪莉・丹在找他。

客套問候了一下後，泰德問起了結果。

「所以你進行得怎麼樣？」

亞力將五步驟商標設計流程的試行成果細數從頭。他發了二十四封電子郵件給久未聯絡的客戶，最後跟六家見了面，並跟莉奇談成了一筆生意。

「恭喜你，亞力，真有你的！你在談五步驟商標設計流程時，感覺怎麼樣？」

對於泰德的問題，亞力沉思了一分鐘。

「我覺得有自信多了。以往在推銷史氏公司業務時，都覺得自己是在求人家施捨。我們樣樣通樣樣不精，所以人家丟什麼案子給我，我都得接下來。」

「那推銷五步驟商標設計服務有什麼不一樣呢？」

「我在推銷這套流程時，覺得自己儼然是個專家。一切都在我的掌控之下。我有信心提供具有價值的服務，我想這份信心也感染了莉奇。」

泰德面帶笑容。「很好。當你擁有的產品是你所能掌握的時候，理當覺得如此。亞力，我要你不再把史氏公司當成一家服務型企業，而要開始把它當成產品型企業。」

泰德的第三招

企業如果有一套銷售流程，推銷會更順利，也更容易擁有掌控權。把產品界定清楚，潛在顧客更有可能掏錢購買。

「可是設計商標仍舊是一種服務啊。」

「話是沒錯，可是你的產品是設計商標的獨門方法。服務型企業只是一群擁有特定專長的人為市場提供服務。好的服務型公司會有一些獨特的做法與能幹的人才，但如果都只專注在客製化服務，為客戶解決問題，企業就不會有規模，營運也會受到人才的限制。當公司的主要資產是人才，但是流動率又高，企業就不會值錢到哪裡去。」

亞力提出反駁，「可是我聽過很多服務型企業的創辦人都把公司賣掉了。」

泰德堅持己見，而且語氣比之前任何一次見面時都來得激昂。

「當服務型企業賣掉時，業主通常會先拿到一部分頭款，尾款則要看未來幾年能不能達到績效目標。這叫做獎勵分配款，而且業主往往要留任三年以上才拿得到錢。在這三年當中，可能會有很多事發生，而造成業主難以達到收購公司的績效目標。」

亞力沒想到泰德的態度會這麼強硬，所以想再更進一步了解。

「你為什麼對獎勵分配款這麼反感？」

「獎勵分配款等於是把公司一大部分的售款置於險境中，這種時候一切都在收購公司的掌控下。獎勵分配款幾乎總是會讓創業主失望，因為你得承擔大部分的風險，而假如你成功達成目標了，大部分的報酬卻是歸收購公司所有。當收購公司知道，創辦人跟被收購公司劃上等號時，便會用上獎勵分配款的伎倆。你的任務就是要把史氏公司打造到一個程度，使生意跟你——亞力·史——切割開來。這是唯一的辦法，可以讓你既賣得掉公司，又不必把你的大筆售款置於獎勵分配款的險境中。亞力，你得訓練員工來執行流程的五個步驟，這樣你就不必每個案子都從頭到尾親自打理了。」

泰德的第四招

不要跟自己的公司劃上等號。假如買主覺得你的公司少了你可能就無法運作，那他就不會出最好的價錢。

泰德接著說：「亞力，你一副心事重重的樣子。把你的困擾告訴我。」

「我一心要把我的公司改造得有賣相，我也很愛五步驟商標設計流程，可是目前我最緊迫的難題就是現金。我在等一張銀行的高額支票入帳，但他們有點拖延。」

亞力的難題聽在泰德的耳裡卻有如樂音。

「要把你的五步驟商標設計流程視爲產品的另一個原因就在於此。當你賣的是產品時，大家就會預期要先付錢。你去好市多（Costco）買衛生紙時，不是得先付錢才能拿來用嗎？我們都習慣買產品先付錢，買服務後付錢。想想上次你找人來洗窗戶的時候，是不是服務要先完成，你才會掏出錢來。產品則是要先付錢，才能拿來用。現在既然你把服務變成了產品，那你就要開始採取預先收費制。」

「我的確會預期說，買產品要先付錢。假如我把服務說明書寫成產品手冊，並把費用標示在上面，它看起來就會更像是有形的產品。」

繞了一圈後，泰德又把話題轉了回來。

「人要收購公司時，會去盤算需要砸下多少資金，才能把這家企業買下來。假如你的公司是個錢坑——而且目前聽起來就是如此，他們的出價就只能壓低一點。假如你的事業是搖錢樹，他們就會願意出高一點價錢。亞力，大概跟我說一下，你們的廣告專業服務目前是怎麼樣的請款方式。」

「估價一核准，我們便著手把案子完成。案子一做好，我們就把帳單寄出，等著支票六十天左右以後寄來。」

「案子一般要做多久？」

「這要視個案而定，但商標的案子通常要八到十二週。」

「亞力，我要你非常仔細地聽好接下來我要說的話。你的現金流量週期是負的。你們做一般的商標設計案要四到五個月才能拿到錢，因爲執行工作就要兩、三個月，憑發票請款又要等上兩個月。你接到的案子愈多，手頭就愈緊。難怪銀行會追著你跑。現在拿你目前的現金周轉循環來跟可以預先收費的模式對照一下。你接到案子後，要求他們先付款才能把產品拿去用。接著當你們在執行工作時，你就可以用他們所付的錢拿來支應兩、三個月。現在假設你說服了五家或十家客戶採用五步驟商標設計，那你現在就有客戶所付的五萬或十萬美元可供公司調度。」

一想到這種可能性，亞力頭一次在會面中露出了笑容。

「我們接的案子愈多，進帳的現金就愈多。我永遠再也不必向瑪莉．丹求情了。」

「而且收購者會把你的事業視爲搖錢樹，而不是錢坑。」

泰德給了當週的指示。

「亞力，看看你還能跟幾位客戶見面推銷你的五步驟商標設計。這次你一定要把價錢寫進說明書裡，並把『於簽訂協議書時收費』這幾個字加上去。這是你的產品，要怎麼收費由你決定。」

泰德的第五招

不要變成錢坑。一旦把服務標準化，就要收頭期款或按進度收費，以創造正向的現金流量週期。

離開泰德的辦公室時，亞力覺得信心十足。他知道，假如他有辦法開始讓客戶先付款，他就能擺脫瑪莉的糾纏，晚上睡起覺來也會安穩得多了。

第四章 內部壓力

湯尼緊抓著他爲蒙亞銀行直郵廣告所寫的最新文案，彷彿要把紙掐死一樣。亞力知道，湯尼看到作品上的對角線和「重寫」兩個字，卻沒有得到進一步的解釋，鐵定氣瘋了。

「亞力，你想要我寫出另一份稿子，就給我多一點的方向。」

亞力想不出什麼建設性的批示，因爲不知該從何講起。既不是開頭那段、稱謂、附注、報價、語氣，也不是文法或拼字，而是郵件的每個部分都讓他覺得無法忍受。一句話，亞力對湯尼的不適任感到徹底無力。

「聽著，湯尼，我現在沒時間管這件事。我滿腦子都在想銀行的分行海報，而且我今天早上還沒看到利揚。我們晚點再談。」

湯尼翻了一記白眼，大步走回自己的位子。

亞力過去看莎拉進行得怎麼樣，希望約翰・文的宣傳手冊案是改最後一次了。走到莎拉背後時，二十一吋的螢幕畫面一覽無遺。那上頭不是蒙亞銀行的宣傳手冊，莎拉似乎忙著上廉價旅遊網站。

直到亞力走近並站在莎拉的身旁，她才注意到他，並尷尬地把耳機拿下來。

「在規劃度假是吧？」亞力語帶挖苦地問道。

「亞力，我只是……」

亞力像警察在阻擋車流一樣把手舉起來，不等莎拉把話說完就走了，因爲他知道那會是個很爛的藉口。

郵件來了，亞力迫不及待地打開幾個白色信封，有三張供應商的發票，以及兩張支票。支票是幾個小案子的費用，總額兩萬三千美元出頭，聊勝於無。但亞力還需要另外的兩萬四千美元，到月底時才付得出薪水與房租。現在他還剩十二個工作天了。

亞力跟利揚約了早上八點面談。

利揚走進亞力的辦公室，臉上掛著志得意滿的笑容。「早，亞力。睡得好嗎？」

面談的過程一如亞力的預期。挾著老媽在蒙亞銀行上班，以及莎拉就要離職的條件，利揚趁勢要求亞力調薪。亞力則以利揚的年紀和經驗比較不足為由討價還價。結果雙方決定各退一步，利揚加薪兩千五百美元，亞力則答應半年後再談一次薪水。

利揚還不曉得，半年後他就不在史氏公司上班了。

亞力查閱收件匣裡的電子郵件，看到客戶層出不窮的問題：自行車店要求網站搜尋優化案打折，因為史氏公司沒能讓他們擠上關鍵字搜尋前兩名；寶馬汽車霸迪經銷商接到慕尼黑的律師提出譴責，因爲網站沒有遵守寶馬汽車的品牌識別標準；蒙亞銀行的個人金融部門要他們在下班前把分行的海報再印六份出來；拉夫·史也要他們以正確的訂單編號把一二一六七三號的發票重開一張。

有一封電子郵件是莉奇寄來的。她很喜歡天然小點的擬人化發想，並對流程中第三步驟的草圖繪製引頸期盼。莉奇的來信使亞力把收件匣裡的種種問題擱在一旁，開始轉移注意力去構思新的潛在客戶名單，以便去推銷五步驟商標設計流程。

一如亞力的預期，會面的一開始，泰德就問他上星期拜訪客戶數有沒有增加。

「我見了八個人，而且春谷住宅當場就答應讓我做他們的新建案商標。」

「大有進步喔，亞力。」

「除了拿下春谷的商標，我還跟一位老客戶聊得很愉快。他要我爲新的廣告宣傳寫份提案書，包括廣播和報紙廣告，可能還有分區的電視廣告。」

泰德的失望之情不形於色。

「假如拿到這個新的廣告案，你什麼時候能收到客戶的錢？」

亞力想了一會兒。

「我想工作六週能完成，而且這位客戶付錢很快，所以我應該三十天內就能拿到錢。」

「所以從拿到案子那天算起，你大概要過七十五天才能拿到錢？」泰德問道，並停頓了好半晌，好讓亞力聽出言下之意。

亞力亢奮不起來了。

「你必須花多少時間來寫提案書？」泰德問道。

「應該要大半個下午。」

「假如你拿到了這筆生意，平面廣告要由誰來做？」

亞力想了一會兒。等生意到手時，莎拉已經走了。利揚太嫩，克里要忙已經在設計的商標。亞力還沒來得及回答，泰德的話就插了進來。

「聽好，亞力，假如你決心打造出有賣相的事業，你就要全心經營一種生意。也就是說，你不能再接別的案子。」

「可是他們問我有沒有興趣，而且這些錢我們可以用來好好……」

「客戶每天都會考驗你的決心。他們習慣對服務供應商發號施令，而且可以的話，一定會要你提供客製化解決方案。假如你想把事業賣掉，你就不能退讓。你要勇往直前。要讓客戶知道你眞的只走專精路線，就要拒絕接下其他的工作。你不能當個『半調子』。假如你要成爲全世界最棒的商標設計公司，你就不能還兼做廣告文宣。這就像心臟外科醫生不看腳踝骨折的道理一樣。」

亞力繼續抵抗。

「可是我近期內還不太有本錢可以推掉工作。」

「你一開始推掉其他的案子，並全力推展你的專營商標設計服務，神奇的事就會發生——你會立刻變得更炙手可熱。假如你提供雜七雜八的服務，像是廣告或行銷，別人就無從告訴朋友你特別在哪裡，因爲你就跟其他人沒兩樣。但假如你是全世界最棒的商標創作者，你就會令人印象深刻而且炙手可熱。你每推掉一件廣告案，就會拿到一件商標的案子。」

泰德的第六招

不要怕推掉案子。把超出專業範圍的工作推掉，證明你對專營事業態度是認真的。你對愈多的人說不，需要你的產品或服務的人就愈會找上你。

亞力屈服了。「在這點上，我就相信你，泰德。」

「很好，因爲下一步很重要。我們有討論過，要把史氏公司賣掉的唯一方法，就是公司不必事事靠你來掌舵，也能運作下去。這表示你要下達指令給員工，好讓他們能執行五步驟商標設計流程。」

「你指的是某種操作手冊嗎？」亞力問道。

「沒錯。把你的五步驟商標設計流程想像成一條有五部機器的組裝線，而且每部機器，你都要教會一個人去操作。先教要怎麼開機，怎麼讓它運轉，以及怎麼在這些機器運轉時監控所有的按鍵與儀錶。」

亞力一面聽，一面開始記下重點。

「針對流程中的每一步要怎麼完成，都要寫一份詳細的操作手冊。把指令下達給其中一位部屬，看他有沒有辦法照著指令來做。把操作手冊編輯好，直到有人不必你盯著也能完成每一步流程爲止。在這個星期，我要你把五步驟商標設計流程的操作手冊寫出來。下次我們見面的時候把它帶來，我們可以談談怎麼來運用。」

一大疊郵件搖搖欲墜地堆在亞力的桌角。他小心翼翼把郵件堆疊好，抱到胸前，以免有哪一封掉了。他逐一將來信分成兩疊，第一疊是垃圾郵件，第二疊是包括白色信封在內的郵件。第一疊愈來愈高，有電腦傳單和座談會宣傳手冊。第二疊也開始變高。

把郵件分類好以後，亞力仔細地整理第二疊。他拿出拆信刀，插進一封郵件封口上的細縫把信割開，裡面是他們請來拍蒙亞銀行宣傳手冊的攝影師所寄來的發票。下一封是一張三千四百美元的支票，再下一封也是發票。第四封的左上角印著蒙亞銀行熟悉的藍金色商標。亞力變得心跳加快。這只有兩種可能：一、他收到的是瑪莉．丹寄來的信用卡對帳單。二、支票來了。他把拆信刀插進封口，一刀劃開。信封拆開後，他看到裡面，是一張五萬兩千美元的支票。

存入支票後，亞力覺得自己總算又能喘口氣了。他拿著一杯濃咖啡坐下來，針對商標設計流程的五個步驟分別寫下他想要採行的指令。

在第一步中，他寫下了他想問客戶的確切問題。在第二步中，他列出了擬人化發想的參考例子，而且鉅細靡遺到連他八十三歲的老媽都能把問卷完成。在第三步中，他規範了草圖要繪製幾份，以及要拿客戶的哪幾項事業元素當作商標圖案的靈感參考。第四步嚴格規定了黑白稿的呈現方式，包括列印時所用的紙張在內。第五步列出了詳細的可用配色，以及呈交給客戶的樣張中要涵蓋的內容。

到傍晚六點時，亞力擬出了操作手冊的第一份草稿。其中完整歸納了他在創作商標上的理念與方向。現在假如他能叫底下的人照著指令做，他就不必再親自監督每件新的商標案件了。

亞力回家時，一想到要開始爲公司建立起一些規模，他就難掩興奮。

亞力有點緊張，因爲他的七位員工全都坐在會議桌前。他環顧全場，打量著他的聽眾。兩位業務總監毗鄰而坐：蕊娜聚精會神地坐著，面前整齊地擺著記事本和削尖的鉛筆；狄恩坐在蕊娜旁邊，把玩著他的黑莓機（BlackBerry），假裝有重要的客戶要回覆。幾位美編則聚坐在會議桌的一側：莎拉看起來意興闌珊，克里在玩他的手機，利揚則在跟湯尼聊天。亞力的總務部經理奧嘉·雷也被叫來一起開這場重要的會。

會議一開始，亞力就談到專營單一業務的公司例子，刻意爲他要推行的變革埋下伏筆。他解釋說西南航空（Southwest Airlines）只採用波音七三七型客機，因爲這樣的話，機組人員可以好好學會一套設備，而且維修小組只要遵照一套例行的診斷程序，就能很快發現問題所在。亞力很滿意自己的舉例，接著順勢說出了史氏公司即將展開的變革。

亞力念了一封曾找他們設計產品商標的客戶寫來的感謝信。他還談到，跟整體客戶比起來，商標設計客戶的滿意度要高得多；還提到長期下來，商標客戶也不只一次回頭找他們做產品商標。亞力坦承，接下超出他們能力的廣告案實在是自不量力。

亞力用簡報軟體的流程圖說明了五步驟商標設計服務，並分配了他們對天然食品的莉奇各自要負責的工作範圍。他發給大家一份操作手冊，上面詳述了各個步驟的程序。

報告進行了四十五分鐘，接著亞力停下來接受提問。首先發言的是蕊娜。

「我喜歡專門做一件事、而且變成箇中強手的想法。」

克里接著說：「我樂得多做一點手繪草圖的工作。我離開美術學院以後，就再也沒畫過圖了。」

利揚則興趣缺缺。「專營一種生意聽起來是不錯，可是我以爲做廣告是搞創意，你說的東西聽起來像是工廠作業。」

狄恩附和道：「我認爲我們應該當所有客戶信賴的廣告行銷顧問。假如我從頭到尾只做一樣服務，那我要怎麼跟客戶建立起信賴關係？」

無事一身輕的莎拉說：「身爲美編，我可不想被綁死，去遵守一套規則。」

眼見利揚帶頭唱反調，反對聲音越來越多，亞力覺得自己的怒火節節上升。他深吸了口氣，數到五，然後說：「我們的新流程還是有很大的創意空間。」

接著亞力要每位員工研究一下這份手冊，有問題再找他。他很快就宣布散會。在亞力的注目下，利揚手忙腳亂地收拾東西，不敢跟老闆四目交會。眼見衝突一觸即發，其他員工也趕緊離開會議室。亞力走了過來，把門關上。

「坐。」亞力指著椅子說道。

坐回椅子上後，利揚說：「亞力，我不是有意……」

亞力打斷了他的話。「你爲什麼會做美編？」

「我從小就很有創意。我喜歡畫畫，上美術課也表現很好。事情似乎就這麼順理成章了。」

利揚在美術課時或許拿到了高分，但就亞力所見評判，他的才華在廣告宣傳上並沒有發揮的很好。「創意是一個人的重大資產。」亞力說，「可是史氏公司是一家公司。既然是公司，我們的首要之務就是賺錢。假如你想當個畫家自由發揮，我建議你不妨另謀高就。」

「可是亞力，廣告公司原本就該是一個發揮創意的環境。」

「廣告公司是生意爲先。而且在這裡，我們會全面採用五步驟流程來創作商標。」

利揚呆坐了一分多鐘。眼見大勢已去，他說：「那我想我就不留下來了。」

「祝你好運。」

於是他們握了手。利揚回到他的辦公桌前，把幾樣東西收進袋子裡，然後就離開了。

亞力覺得，能行使他身爲公司老闆的權力，感覺眞不錯。畢竟他的姓氏就掛在門上，他不必忍受這麼囂張的挑釁，尤其是出自最資淺的員工口中。可是接下來，他才恍然大悟剛才所做的事將爲他帶來更大的麻煩。他就剩一位美編了。利揚的母親會聽到消息，而這可能會危及他和蒙亞銀行的關係。

敲門聲讓亞力回過了神來。是蕊娜。

「亞力，我知道這場會開得不如你所希望的那麼順利，可是我要你知道，我很高興看到公司有新的方向。」

「謝了，蕊娜。」亞力說道，並覺得她的一番話讓自己受到肯定。「我想以你的才能會很適任我們的新流程。」

第五章 考驗

亞力跟妻兒共度了週末，週一到辦公室時覺得神清氣爽。他對唯一比他早到的員工蕊娜道了聲早安，就在桌前坐定位，打開電腦，並趁電腦開機時喝了一口咖啡。他看了一下電子郵件的收件匣，發現布萊·唐捎來了封信。亞力立刻認出了這個名字，他是城運貨倉的行銷長。主旨欄簡單寫著「恭喜」二字。

一把信打開，亞力的心就開始浮動了起來。他看了頭幾段，就知道史氏公司拿到了合約，可以成爲城運貨倉的廣告代理商。

星期二照例要與泰德會面，亞力決定走二十分鐘的路過去，而不像平常那樣，開五分鐘的車去他的辦公室。收到布萊・唐的電子郵件已過了二十四小時，他需要靠動一動身體來整理一下在腦中打架的混亂思緒。

會談一開始，亞力就向泰德解釋了城運貨倉的背景。

「我知道你要說什麼，可是對我們來說，這是個不可多得的機會。這意謂著在接下來這一年，每個月固定會有五萬美元的進帳。」

亞力繼續解釋說，能當上像城運貨倉這種大品牌的廣告代理商有多難能可貴。他談到說，城運貨倉對於創意廣告的眼光有可能會讓他們做出獲獎作品。泰德並沒有插話，他想給亞力一點時間把心中的感受一吐爲快。

等亞力說完，泰德才開口：「亞力，你當初爲什麼找我爲你的事業把脈？」

「因爲我想把我的事業給賣掉。而成爲城運貨倉的廣告代理商大大有助於達到這個目標。有很多大型廣告公司想搶城運貨倉這塊大餅，就會利用收購我們來拿到生意。」

「亞力，假如你未來五年想在大公司上班，那好，我想接下城運貨倉的案子可能有助於你把公司賣掉。但大公司只會以一種方法來買下另一家性質類似的小公司，那就是用五年的獎勵分配款協議來把你綁住。他們會付一點點的頭款給你，餘款則要看你接下去的五年能不能達到他們訂下的里程碑。五年的時間，你必須保住並擴大蒙亞銀行的業務，還要把城運貨倉給牢牢抓住。在大公司裡，你要對中階主管負責，而且他們既定的規矩和程序很多。假如你達不到目標，他們就沒有義務付你任何一毛錢，最後你拿到的就只是在簽署協議時的那筆小錢。你要承擔所有的風險，而且無法掌握最終結局。」

亞力思索了一番，而且心想，不知道利揚是不是已經告訴他媽，她找的廣告公司剛把她兒子炒了魷魚。

「我的建議還是，你要把事業打造成沒有你也能生存下去。唯有這個辦法才能既把公司賣掉，又能一走了之，而不必非撐個五年不可。」

泰德感覺得出來，他的徒弟需要聽點打氣的話。

「到目前爲止，你做得很棒了，亞力。你找出了公司擅長的業務，也訂出了可以反覆操作的執行流程。你寫出了操作手冊，使其他人得以執行這項業務。你也做到了事前收費，所以賣得愈多，進帳的款項就愈多。我跟你說過，在這整個過程中，你的決心會受到考驗。眼前這個時刻就是了。對於城運貨倉，我不會告訴你該怎麼做。你要自己決定。」

離開泰德的辦公室時，亞力覺得很爲難。在理智上，他能理解泰德的建議，但長年以來，他一直極力想爭取到像城運貨倉這樣的客戶。爲了回覆提案招標書，他花了這麼多心血，想不到竟要把這個客戶給推掉。

亞力聯絡了布萊．唐的助理。她跟他說，唐先生快開完會了，她已請他結束後回個電話給亞力。等待的幾分鐘亞力簡直度日如年。布萊總算回電了。

「唐先生，感謝您回電。」

「亞力，很高興接到你的電話。我很意外你昨天沒有打來。我們跟你還有你的團隊會合作得很愉快。」

「謝謝，不過……」亞力欲言又止，鼓起勇氣才往下說道：「我必須婉拒這個案子。」

「你說什麼？」

「呈交提案書給您後，我們已決定專營商標創作。」

「怎麼回事？」

「我發現我的公司太小了，沒辦法大小通吃。假如我們必須什麼都做，我們就永遠不可能爲您做到最好，而且商標才是我們的強項。未來要是您需要新的商標設計，希望您還是能把我們列入考慮。」

這番解釋並沒有幫上忙。

「你這個呆子。」布萊說，「你的公司那麼小，靠我們就能吃飽了。你這樣浪費大家時間，等我跟美國行銷協會的其他會員說後，我看你們以後就只有替房屋仲介做名片的份了。」

亞力試圖和緩局面。

「我無意冒犯您。」

另一頭沒有反應。布萊把電話掛了。

亞力回到辦公室時，狄恩正準備出門去見客戶。爲了暫時忘掉布萊·唐和城運貨倉，亞力便起了個話頭。

「喂，狄恩。要去跟春谷住宅的人見面嗎？」

「對啊。我們進行得挺順利的。我們上星期跟他們做過擬人化發想，我現在就要去那邊跟他們說明一些概念。」

「好極了。介意我看一下嗎？」亞力指著狄恩拉上拉鏈的公事包，故作輕鬆地問道。

「我想還是不要吧。」狄恩不情願地說道。他並沒有把公事包打開，而是開始推託其辭，並趕緊把外套穿上。

「我有點遲到了，但我可以很快跟你說個大概。我們在做擬人化發想時，他們對這個建案顯然有個很大的願景。他們想在今年秋天賣出五十六戶，好爲全市的五個建案打響第一炮。」

「那好極了。」亞力有點不耐煩地說道，「我能不能看一下商標的草圖？」

狄恩這才慢慢把公事包打開。

「不光是給他們看草圖，我們還決定向他們多展示一點我們的創意。」狄恩把公事包打開，露出了一份電腦繪製的銷售廣告彩色樣張。裡面有平面廣告、宣傳手冊和六個商標概念的樣張，而且全都是彩色列印。

亞力簡直不敢相信自己的眼睛。

「狄恩，你怎麼會想到要做這些東西？」

「我想這是我們的大好機會，他們可能會成爲大客戶。」

「狄恩，我們現在只做商標啊。」

「是啊，我知道，所以我也會說明六個商標概念以及……」

「對，我看到了，我還看到商標是電腦繪製的彩色商標，而不是依照流程中的擬人化發想所畫的黑白草圖。」

「可是亞力，這家客戶真的很大，我只是想說值得多花一點工夫。」

亞力嘆了口氣。「我了解。」畢竟他也曾忍不住要對城運貨倉做一樣的事。「可是我們現在專做商標，不做別的。你要明白一件事，我們再也不是廣告公司了。把平面廣告和宣傳手冊的樣張拿掉。你還是可以向他們說明商標概念，但下次請依照流程，先給他們看黑白草圖。」

狄恩心不甘情不願地把平面廣告和宣傳手冊的樣張抽出了公事包。

走到老位子前面時，亞力向泰德說明了情況。

「我推掉了城運貨倉的案子。」

「你的決定很明智。」

「希望如此。城運貨倉差點就成了我們的大客戶。」

泰德意識到需要重振亞力對於他們一起努力的熱情，於是他決定解釋一下，他們要以什麼方式來彌補及超越城運貨倉所能爲史氏公司帶來的營收。

「如果要把公司賣掉，你就必須向買主證明，你的公司有營收主軸，能夠帶來經常性營收。我們必須算出你需要多少業務代表來創造這個營收主軸，以及有多少家公司是你的目標市場。我們暫且鎖定本市內的企業。本地有多少家公司？」

亞力沒有概念，於是他們走到了泰德辦公桌前，圍坐在電腦旁邊。他們找到了美國統計局的網站，上面顯示在方圓一百英哩內，有二十一萬家企業。泰德想要把目標市場盡可能縮小。

「我們假設企業如果願意花一萬美元來爲新產品或新部門製作商標，那它的年營收至少要達到一百萬美元。」

亞力瀏覽網站後，找出了這個數字。「這個地區有五萬八千家企業一年至少做到一百萬美元。」

「現在我們要知道的是，在這五萬八千家公司當中，你可以把商標賣給多少家。回想一下你開始推銷五步驟商標設計流程的時候，你發了電子郵件給幾家公司？」

亞力很快就把數目算了出來。

「我發了電子郵件給四十四家公司。」

「其中有多少家約了你？」

「十四家。」

「你成交了幾個商標？」

「到目前為止是兩個。」

泰德拿了一張便條紙，隨手寫下一些數字。他把紙轉個角度，好讓亞力能看到他的算式。

「你對潛在客戶的成交率是四十四分之二，也就是四．五％。我們至少要打個對折，因為你跟這些開發對象都是舊識。所以我們假定，你對陌生開發對象的成交率大約是二％。這表示五步驟商標設計流程概略的市場潛力大約是五萬八千乘以二％，也就是一千一百六十個商標。這還只是保守假設每家公司只做一個商標，實際上大部分的公司都會固定為新部門或新產品製作商標。以每個商標一萬美元來算，本地的市場潛力就是一千一百六十萬美元。這是還不錯的小生意，而且我們甚至沒有算到，假如去其他城市設點的話，你們可以成長到多大。以全國來說，假如你能把你的模式複製到別的地方，創作商標可能會有一億美元的商機。」

對於婉拒城運貨倉這件事，亞力在會面中頭一次開始覺得比較好過了。

「收購者不僅想知道你的事業會變得多大，他們還想知道你擁有可以預測的銷售方程式，才得以估算出你能做成多少生意。例如一開始你有四十四位開發對象，過了兩星期後，你做成了兩筆生意，等於一星期成交一個商標。假如一般業務員每年工作五十個星期，那你所請的每個業務員應該就能成交五十個商標。由此，我們可以推演出不同的情況。比方說，假如你明年的營收想達到一百萬美元，那你就需要兩個業務員。假如你認爲自己吃得下兩百萬美元的營收，也就是設計兩百個商標，那你就需要四個業務員。」

泰德的第七招

花點時間算一算，市場上有機會做成生意的潛在客戶有多少。你要賣掉公司的時候，一定要有這個數字，這樣買主才能估計商機規模。

「收購公司會想要看到營收主軸的運作模式，包括你有多少機會和歷來的成交率，以藉此估計市場潛力。你要證明說，你對自己的營收主軸瞭若指掌，並能相當準確地預測出，你的銷售機制到了他們手上會表現得如何。最重要的是，你要證明會銷售商標的人不是只有你一個。」

「可是我一個業務代表都沒有。」亞力提醒泰德說。

「我知道。你起碼要請兩個人。」

「爲什麼是兩個人？我不是該先請一個就好嗎？」

「業務員愛競爭，所以他們會彼此競爭。這樣你就能證明說，你的營收主軸不是光仰賴一位優秀的業務代表。此外，你每年的人事費用和房租加起來大概要六十萬美元，所以今年至少要成交一百萬美元的商標才付得出這筆錢，並有一些獲利。」

泰德的第八招

兩個業務代表永遠好過一個。業務代表多半是喜歡競爭的個性，所以會想辦法勝過對方。找兩個人來可以向買主證明說，你的銷售模式運作得很順暢，而不是只靠一位優秀的業務代表。

亞力盤算了起來，數字卻兜不攏。

「假如請兩個業務代表，我的人事費用和房租加起來不就要超過七、八十萬美元嗎？」

「會，假如你把現有的人員全部留下來的話。這星期花點時間去想一想，你掌管五步驟商標設計流程需要什麼樣的團隊。我敢打賭，你會發現有一、兩位員工再也派不上用場了。」

亞力離開泰德的辦公室，知道未來一週勢必不好過，得跟幾個員工談談。

第六章
人選

開除湯尼．馬是個輕而易舉的決定，因爲湯尼原本就是個差勁的寫手，而且亞力也不需要文案人員來執行五步驟商標設計流程，他可以外包找人來做銀行臨時所交付的文案工作就好。會談進行得很快。湯尼早料到了，而亞力也待他不薄。

和狄恩的懇談則比較麻煩一點。爲了盡量減緩衝擊，亞力向他提說，他可以去更大的廣告公司做專案策略，而且狄恩的多項長才在「新」的史氏公司也沒有發揮的餘地。狄恩氣呼呼地離開了。

把湯尼和狄恩資遣後，史氏公司一年便可省下十二萬五千美元。亞力決定不馬上遞補莎拉的空缺，這樣公司每年又可以省下七萬美元。這樣精簡員額下來，公司整體成本不用增加，就能聘僱兩個還不錯的業務員。

布雷・沃去自家的避暑小屋待了兩週才回來。他穿著一套藍色西裝，身高有一百八十八公分。金色袖扣搭著俐落的白襯衫，並不時碰到父親在他從夏西爾預備學院畢業時送的勞力士手錶。潔白的牙齒跟他度假兩週曬出來的古銅色肌膚形成了強烈的對比。他的領帶結打得工整，整頭的金髮也梳理得整整齊齊。

爲了找人擔任公司新增的業務職位，亞力最後遴選了四位人選，其中一位就是布雷。他們握了手，並以一些輕鬆的玩笑話來開場。

亞力很快把布雷的履歷看了一遍。念完夏西爾後，布雷去念了康乃爾。畢業後，他在東南亞待了六個月，學會了風箏衝浪，後來才回到美國從事現職。過去兩年，他是在一家大廣告公司集團擔任業務發展小組的基層組員。

「你爲什麼想來史氏公司上班？」

「大公司是個磨練人的好地方，可是我想要開始直接看到我的努力成果。」布雷顯然是把他認爲亞力想聽到的話說給他聽。

「到目前爲止，你覺得廣告業如何？」

布雷在椅子上坐直了身子，他明顯感覺到有機會讓亞力留下好印象。

「我熱愛品牌的威力。我喜歡去了解品牌的核心屬性，並設法以有創意的方式，透過各種不同的媒體來呈現。我對於廣告整合堅信不移。有人說電視玩完了，可是假如你想建立品牌，你就不能對電視置之不理。」

這場面談一如所料地展開。亞力拋出的問題宛如壘球，布雷則以鏗鏘有力的回答把它打到場外。他八成看過一些求職教戰的書，但還是表現得很精彩。最後亞力向他保證，下星期就會通知結果。

亞力很欣賞布雷的體面、出身和大公司的資歷，並覺得他很能代表史氏公司。他在布雷的履歷上打了個大勾，並把它跟其他有希望的人選一起歸檔。

坐回桌子前，收件匣裡還是有緊急事件等著他馬上處理。約翰·文明天想見面討論西班牙文版的宣傳手冊，奧嘉想要知道能不能續租影印機，莎拉則想要商量公司欠她的休假津貼。接著亞力看到了莉奇的名字，主旨的標題是「謝謝」。他把郵件打開來：

亞力：

我想讓你知道，對於你們替天然小點所做的商標，我們相當滿意。我今天早上剛跟蕊娜碰過面，她給我看了克里設計的彩色稿，看起來不錯。我已經把你們的品牌識別標準手冊發給了全體員工。蕊娜非常有效率，案子也推動得很順利。克里很有創意，跟他合作很愉快。等我們下次有產品要推出時，找你們準沒錯。再次謝謝。

莉奇．艾

亞力樂歪了。收到客戶的感謝信總是讓人心情愉快，但這種信一般都是在讚美亞力本人，說他有創意又貼心。莉奇的信很特別，因爲她是在肯定他的團隊。亞力頭一次感覺到，他所打造的企業裡不是只有亞力．史一個人。

既然天然小點的商標是由蕊娜和克里在處理，亞力便要他們來主導五步驟商標設計流程。蕊娜掌管第一步的勾勒願景訪談，以及第二步的擬人化發想。克里負責第三步的草圖，以及第四和第五步的電腦繪圖。蕊娜要編寫及說明品牌識別標準手冊，並帶領客戶走完流程。亞力有了一套制度和人手來控管案子進行與成果。現在他只需要再有個銷售團隊就行了。

安潔・薩來和亞力面談時，穿得很保守。她把頭髮往後梳，整齊地披在深藍色套裝的肩上。

亞力把她的履歷看了一遍。念完公立大學後，安潔在當地一家手機零售店找了份門市銷售的工作。她是那家店的頭牌銷售員，賣了兩年手機後，她找到一家大型電話公司擔任招攬黃頁廣告的工作。她爬得很快，並成了全國前百分之十頂尖業務員之一。

「你爲什麼想來史氏公司上班？」

「我熱愛銷售，而且我知道史氏公司正要成立銷售團隊。我很樂意幫忙你們從頭開始打造一支專業的銷售團隊。」

「怎麼樣才算得上是專業級的業務員？」

「掌握數字一向是我在業務上的成功關鍵。我知道要開幾次會才能讓生意成交。我知道需要做成多少筆交易才能達到我當週的業績配額，以及那對於我達到每月、每季和年度的目標會有多少幫助。最基本的重點就在於，知道自己每星期要安排幾次公司拜訪，然後一切自然就水到渠成。」

亞力不敢相信的是，安潔竟然能這麼科學地剖析她的目標設定。於是心生好奇的亞力便想要知道得更多。

「驅使你的動力是什麼，安潔？」

「競爭。我愛獲勝的滋味。」

面談持續進行，亞力覺得自己大開眼界。在創意產業裡成長的亞力總是與創意人員爲伍，他從來沒見過有人這麼按部就班，或是有這樣的線性思考流程。

亞力跟安潔道別時，保證下星期就會作出決定並答覆她。

星期二早上時，泰德撥了手機給亞力，看看他想不想搭帆船，並把會面的地點改到船上，而不去辦公室。天氣預報顯示，沿岸風速會有十五到二十海里。他們約好了在泰德的遊艇俱樂部碰面。

雖然也買得起大很多的船，但泰德熱愛在大海上開小船的刺激感，所以他選擇了「雷射四〇〇〇」。幫忙泰德把船上的帆架好後，亞力大略提了一下自上次見面以來的進展。他說明了他是如何騰出兩個業務員的薪資額度，包括把湯尼和狄恩送走，以及不遞補莎拉的空缺。他還談到了他為業務角色所面試的人選，大部分的時間都花在比較布雷和安潔上。亞力對兩個人都有好印象，但著眼點各有不同，因此他想向泰德解釋清楚。

「布雷很懂服務業。他在一家大公司待過兩年，對創意界瞭若指掌。他很懂銷售的內涵。」

泰德聽得很專心，同時升起了船帆，一路駛出港灣。他一面看著風向，一面繼續追問亞力。

「談談安潔吧。」

「安潔則截然不同。她完全不懂廣告宣傳產業，職涯中大部分的時間都在賣潛在客戶可以觸摸和感受到的實體產品。安潔滿腦子都是流程和制度，極度目標導向。」

泰德進一步追問下去。「聽起來你有兩位差異很大的人選。你所面試的其他人怎麼樣？」

亞力想了一會兒，「你可以把他們歸為兩類：像布雷這種賣服務背景的人，以及像安潔這種賣過實體產品的人。」

眺望著地平線，泰德把自身經驗的絕學傳授給亞力。「我想你得對布雷敬而遠之，而且銷售團隊的人全都要像安潔這樣的才對。」

泰德的立斷直言出乎亞力的意料。

「你怎麼能這麼肯定？布雷念過康乃爾，他父親認識一些本地公司的執行長，他還待過國內頂尖的廣告公司。」

「根據我的經驗，像布雷這種人一直在服務型企業工作，擅長的是諮詢式銷售。他們會問很多開放式問題，並探詢客戶的需求。客戶會透露出最深層的恐懼，然後指望像布雷這種人爲他們量身打造出解決方案。布雷則會設法說服你調整五步驟商標設計流程，好滿足每位客戶的特殊需求。」

「那你爲什麼這麼肯定安潔能勝任？」

「從你對安潔的描述就知道，她會如魚得水。你有一套流程，把它包裝成產品的樣子，五個步驟也不會因爲客戶不同就有所改變。產品銷售員習慣絞盡腦汁來替產品定位，以滿足潛在客戶的需求。產品銷售員沒空一聽到顧客的需求，就修改公司的產品。他們只能幫手上既有的產品找到定位，藉此滿足顧客的需求。而你就是要靠這種人來推銷五步驟商標設計流程。」

亞力慢慢聽進去了。隨著風勢加大，他們在海上的速度也變快了。

「那不是跟服務供應商的立場相違背了嗎？」

儘管風勢強勁，雷射號傾斜的角度也變大，泰德奮戰之餘仍拉大嗓門回說：「的確！我再說一遍，除了走冗長、冒險又痛苦的獎勵分配款這條路外，大部分的服務型企業都缺乏賣相。它們是靠業主獨挑大樑。當業主一走，就不會再有生意了，收購公司很清楚這點。你必須卸下推銷員的角色，把棒子交給一組像安潔這樣的人馬。」

泰德的第九招

聘用擅長銷售產品、而不是服務的人。這些人比較有辦法以既有的產品來滿足客戶的需求，而不會答應客戶的要求把產品客製化。

他們加速駛離海灣後，那裡浪大了許多。沉默良久後，泰德要亞力乘勝追擊。「亞力，下一步需要你發揮極大的勇氣。你準備好了嗎？」

「肯定不會比跟你一起航海來得大。」亞力半開玩笑地說。

「你該去跟老客戶說，你沒辦法再支援他們的廣告需求了，因爲你現在專做的是商標設計。」

亞力立刻思考泰德的決定所牽涉的後果。

「我能不能繼續幫蒙亞銀行做其他案子？」

泰德很堅決，「當然不行。」

亞力提醒泰德，他所建議的做法會造成財務衝擊。泰德則堅守立場。

「亞力，你做事不能做半套。假如你繼續做其他屬於商標設計流程以外的工作，等於是給相關人等模稜兩可的訊息。」

「泰德，蒙亞銀行的案子占了我們去年營收的四成耶。」

「我知道，所以你的事業才會沒有賣相。假如你繼續提供特製的服務，你就得補上資深美編和文案的缺，那等於是昭告市場說，你沒有全心投入商標設計流程。蒙亞只肯跟你打交道，所以假如公司眞的賣掉了，你就會被綁住好幾年。當客戶有得選擇時，永遠會要求客製化解決方案。所以假如在商標設計以外，你又兼做客製化服務的生意，就會讓五步驟商標設計流程沒有出頭的機會。」

「我得想一想才行。」亞力說。

「我提醒過你了，你要有勇氣才跨得出這一步。」

泰德冷不防地作了個手勢，要亞力低頭看他握住的舵柄。

「我要你把企業經營的思維轉一百八十度的彎。這有點像是在調整帆的方向。」話一說完，泰德就把舵柄用力拉向自己。順風之下，船身左搖右晃，並切向亞力覺得不可能轉過去的角度。船身一轉，帆桁也跟著從船的一側劇烈地搖向另一側。泰德把亞力推到船的另一邊，他則把帆拉回，並站定在亞力旁邊。風啪地一聲，把帆給吹脹了。泰德跨步出去，好讓腳踏在船舷上，而船也開始朝岸邊加速前進。

「順風換舷要做得好，就得把舵柄一路轉到底。在帆翻好面，讓轉過去的另一面開始迎風前的那一剎那，你會覺得有點失控。你不能半途而廢。假如你不把舵柄朝自己的方向一路轉到底，船就永遠轉不了彎，到最後就會沒頂。而我就是要你調整史氏公司的方向。」

第七章 成長的苦澀

在史氏公司的第一週，安潔就發揮了作用。亞力要她把市區劃分成四塊，以此來區分潛在客戶名單。安潔推薦她以前在黃頁名錄公司的一位同事，繼她之後成爲第二位業務代表；亞力接受她建議跟席默．歐見了面。

在安潔的上一家公司，席默也是排名前百分之十的頂尖業務代表。這兩個人曾攜手合作，並以良性競爭爲樂事，每個月都在搶第一。從席默身上，亞力看到了很多他欣賞安潔的那些相同特質。他毫不猶豫就錄取了席默。

兩個星期後，席默向史氏公司報到。他的第一件任務是把白板架在辦公室中央，並詳細記錄兩位業務代表每週的銷售統計數字。每天他們都會更新當週確認拜會的客戶家數，以及成交的商標案數目。他們兩人的目標都是每週簽一個商標案。

到了第四個禮拜，安潔每週都固定拜會十家客戶，席默則是每週八家。該月的最後一個星期五，安潔終於成交了她的第一個商標。她拿著簽妥的合約，衝進亞力的辦公室。他們一起去敲響安潔和席默在亞力的辦公室外頭懸掛的鈴鐺，以茲慶祝。公司上下一聽到有騷動，紛紛從桌前起身一道慶賀。

當晚回家時，亞力一路上都是眉開眼笑。他所打造的流程不但可以由別人來操作，而且連亞力以外的人都能推銷出去。把車開進車庫時，亞力才想到，他連安潔成交第一個商標的公司是哪一家都不知道呢。他已然陶醉在超越自我的感覺之中。

亞力答應跟約翰．文在他的辦公室碰面，討論蒙亞銀行西班牙文版的新宣傳手冊。他很少穿西裝，但不曉得什麼原因，這次決定盛裝出席。

兩人輕鬆寒暄了幾句，約翰便開口談到宣傳手冊需要修改的地方，好確保它能適用於西文市場。亞力聽得很仔細。下達最後一道指令後，約翰把東西收一收，表示會談結束了。亞力知道，錯過現在，以後就別談了。

「約翰，過去幾年來很高興跟你合作。事實上，我們合作過很多不同的案子。像是去年爲財富管理部設計的那個商標，我印象尤其深刻。你還記得那個案子嗎？」

「當然記得，你們做得很好。聽我說，亞力，我還有會要開，所以……」

「只耽誤你一下子就好，約翰。我們幫財富管理部做的那個商標不能說是少數案例，我們替很多客戶設計商標都相當成功。正是因爲如此，我們已決定專門創作商標。」

「那很好呀，亞力。我什麼時候能看到宣傳手冊西班牙文版的初稿？」

「約翰，我們下星期一會把宣傳手冊的初稿拿給你，但這會是我們幫你做的最後一份宣傳手冊了。因爲要專營商標設計，我們以後無法再接其他類型的案子了。」

「可是亞力，蒙亞銀行每個月給你們的工作就值好幾萬美元。你們有本錢不接我們家銀行的工作嗎？我很懷疑。」

「我明白，約翰，我也很感激你們過去對我們的支持。可是我們已經決定了，所以我希望等你們要推出新產品需要商標時，我們能繼續合作。」

「老實說，我聽了很失望。你們要走專精路線，很値得喝采，可是我們應該算是很重要的客戶才對啊。」

「你們的確是很重要的客戶，這就是爲什麼我要親自向你報告啊。」

亞力對自己的決定感到痛快。他堅守了立場，並且第一次抬頭挺胸地走出約翰的辦公室。

打從亞力創立史氏公司以來，哈利．柏就是他的會計師。哈利每一季會來辦公室兩天。哈利會和亞力的總務經理奧嘉一起確保收款進度正常，稅也有準時上繳。哈利會查看奧嘉所開出的發票，以及公司所支出的開銷，然後哈利會做出損益表，詳列他們過去三個月的業務細項。

哈利跟亞力約了早上十點見面，並一如往常提早到。他顧著收傘，腳絆了一下踏進亞力的辦公室。亞力正在跟安潔還有席默開會，檢討白板上的最新數字，看到哈利已經到了，對他喊了一聲。

「嘿，哈利，你先坐。一切自便。我等一下就回辦公室。」

哈利坐定後，從公事包裡取出了一疊紙、鉛筆和削鉛筆機。他還拿出了筆記型電腦和一個大大的藍色檔案夾。

五分鐘後，亞力走進了辦公室。

「謝謝你來。我們這季的情況怎麼樣?」

哈利猶豫了一下，然後決定對亞力實話實說。

「不太好。你們這個月預計會虧損一萬兩千美元，而且除非情況有好轉，否則下個月還要再虧九千美元。」

「那怎麼可能，哈利?我們的商標業績狂飆，在銀行裡也有一大堆現金。」

「你們的現金部位是唯一的亮點，可是商標業務卻成了絆腳石。」

「我不懂。」

「你每成交一個商標，就會收到一萬美元的頭款，這是有利於你的現金流量。遺憾的是，根據一般公認會計原則（GAAP），我必須把這筆收入分成三等份，從成交月份算起每個月一份，共三個月。也就是說，你這個月從商標案中收到一萬美元進帳，我只能認列三千三百三十三點三三美元。以前你拿到的案子當月認列營收，現在變成要分三個月來認列營收。這個的影響在於，你帳面上的月營收會少掉三分之二。」

「所以我們這個月會虧錢?」

「對，而且下個月也會，除非你重新開始接其他的案子。假如這種情況持續下去，你今年就可以不用去想發獎金的事了。年底能損益兩平就算幸運的了。」

亞力聽到哈利的話，心裡怨起了泰德，早知道他就應該接下城運貨倉的案子。

亞力把雨刷調到高速，勉強從大雨中看得到泰德的地下車庫。當天是星期二，下雨加上跟哈利的會面，使亞力的心情很鬱悶。

活力十足的辛蒂接過他的外套，爲亞力的早晨帶來了朝氣。泰德剛講完電話，招手要亞力進去。在辦公室的茶几前，他坐進了平常的白色大皮椅上。泰德走過來迎接亞力，並照例問他最新的進展。

「把數字告訴我。」

「安潔和席默每星期固定都能約見八到十家公司。安潔上個月談成了五個商標，席默談成了四個，所以他們都順利達到了每星期各一個商標的目標。」

「那眞是好消息，亞力。你一定很振奮。」

「是也不是。我上星期跟哈利見了面，他跟我說了件讓人煩心的事。」

「哈利說了什麼？」

「哈利說我應該要簽下城運貨倉的合約才對。」

「他當然會這麼說。亞力，哈利是被請來算帳的。他並不了解我們在做什麼。他無從分辨靠商標賺進的是可累積的好營收，靠接案子賺進的是一次性的不良營收。對哈利來說，這統統都叫做營收。既然你的五步驟商標設計流程要花三個月來執行，那他依法就必須把那筆營收分三個月提列在損益表裡。當你從專案工作轉做單一的產品化服務時，帳面上會有一段時間很難看。我這樣問你好了，你銀行戶頭的情況怎麼樣？」

「我們有很多現金，因爲我們成交的商標全都是事先付款。我很意外瑪莉還沒有打電話找我吃午餐。」

「當你處在這樣的調整當中時，帳面上會出現虧損，這並沒有關係，只要現金周轉維持順暢，商標也一直能成交就好。等三個月後，你在這個月所成交的商標就會開始進入營收入帳的月份。從此以後，你每個月就會有基本的營收，而且隨著每成交一個商標而累積下去。你必須犧牲未來這三個月，直到帳面數字趕上你所成交的進度爲止。」

「可是我的會計年度過兩個月就要結束了，而且我今年打算靠獎金來還房貸。這樣我從公司就領不到多少錢了。」

「確實如此，亞力。你今年的獎金大概得縮水了。可是你要這樣想，現在忍受小陣痛，未來才能大豐收。假如我們能找到人買下你的公司，你就能還十倍的房貸了。今年稍微忍耐一下是值得的。」

泰德的第十招

在轉型為經營標準化產品的那年，別管損益表，就算那表示你和員工都必須放棄年終獎金也一樣。只要現金流量保持穩定與強勁，你很快就會再見到獲利。

「沒有任何獲利的公司怎麼賣得掉？」

「亞力，打造有賣相的事業是需要時間的。你要跟我一起堅持到底才行。」

「我們說的會是多久？」

「我要你再給我兩年。」

「兩年很久耶，泰德。」

「是，可是你經營史氏公司都八年了。難道不值得再投資兩年，讓你所付出的一切終能獲得回報嗎？還有，假如你明天就要把公司賣掉，那我也懷疑我們眞能找到買主。除非你簽下五年的獎勵分配款，他們才會答應買下你的公司。我眞正要你花的是兩年，而不是五年。我其實幫你省下了三年。」

「既然你都這樣講了，我想我也沒話好說了。我很期待能有機會賣掉公司，並多花點時間陪陪潘妮和小孩。珍妮今年要念中學了，緊接著輪到麥克。再過個幾年，他們就要離家去上大學了。」

「我明白，亞力。接下來兩年要很拚很衝，可是你也會快樂得多。你的現金流量會很充裕。你再也不會是每位客戶『指名要找的人』，所以你去幫客戶救火的次數也會減少。如此一來，你八成就會有時間跟家人去度假。你應該會發現，未來兩年要比過去兩年開心得多，而你也會對所打造出來的公司賣相產生信心。」

泰德的第十一招

在把公司賣掉前，採用標準化產品的模式起碼要過兩年才會反映在財報中。

潘妮．史嫁給亞力十四年了。她鼓勵亞力創立史氏公司，長年以來也是最會爲他打氣的啦啦隊。但那是在生小孩、要付牙醫帳單和房貸之前。現在潘妮愈來愈仰賴亞力帶著紅利支票回家。

亞力知道，他得委婉地告訴她這個消息。

「老婆，我要跟你談談最近泰德．葛在幫忙我的事。」

「正好，我也一直想問問你跟他星期二的會面。」

「我們大有斬獲，可是現在是關鍵階段，今年對我們本身會有所影響。」

「你到底要說什麼？」潘妮遲疑地說。

「我們做了一些調整，好讓公司以後能賣得出去。可是在短期內，帳面上賺的錢會變少。這也表示我會發不出獎金。」

「可是亞力，你保證過我們今年就會把房貸還完，我們也跟孩子說春假會帶他們去夏威夷。我們現在哪有度假的閒錢。」

「我知道。我們還是可以去渡假，只是必須挑比較便宜的地方。我們今年得犧牲一下，可是假如進行順利的話，我就能把公司賣掉，那我們將來就能常常全家一起去度假了。」

亞力抱著太太，並向自己發誓要好好補償她。

在接下來的五個月，史氏公司的步調進入了穩定的節奏。安潔和席默一直保持每週大概成交一個商標。蕊娜樂得有制度可以依循，克里在創作商標上也很有效率。史氏公司的客戶對成果多半都很滿意。奧嘉持續在每週五下午跑銀行，存入更多的支票。情況好到足以讓亞力離開辦公室一整天，思考一下。

亞力走下車子時，吸了一口帶著鹹味的冷空氣。浪花拍打著海岸，他沿著通往海邊的小路走。這條步道穿越了一座很高的沙丘，兩邊的高度都超過了六十英尺。隨著小路往南轉向，海濱別墅也映入了眼簾。別墅獨立於沙灘上，最近的鄰屋在海灘另一頭，至少五百英尺外。別墅的主體結構是落地玻璃窗，當太陽從東邊升起時，就會映照在玻璃窗上。由於是十一月的早晨，所以海邊空無一人。亞力可以想像，在溫暖的八月午後一定是人聲鼎沸。

現在是度假淡季，泰德一家人用不到海濱別墅，所以把屋子借給亞力來規劃下一步。接下來的二十四小時，亞力都在打量這幢房子。一開始映入眼簾的顯然是起居室。房間很寬敞，擺設了現代風的家具，並可眺望日出。

他打開一道雙扇門，發現他沒猜錯，果然是主臥室。脫掉鞋子，亞力躺在加大尺碼的床上，想像著在太陽自海平面初升時分醒來的景象。主臥室外面的露台上擺了一張小小的柚木桌，兩邊各有一張大躺椅。除了貴氣的主臥室，還有一道門廊通往浴室。裡面有雙龍頭的蒸汽浴設備，以及可加溫的石板地面。

廚房外面有一道雙扇門，打開就是個平台。平台向外延伸達三十英尺，環繞屋子一圈。用西洋杉做成的熱水桶大到足以容納十二個人。他打量一下不鏽鋼烤肉爐，心想冰箱裡的那塊十盎司牛排，用這個來烤正適合。今天肯定很享受。

泰德答應把海濱別墅借給亞力的條件是，亞力要花點時間來回答一個簡單的問題。

泰德把問題寫在一張紙上，並把它裝在小信封裡。他規定亞力，要等來到海濱別墅後，才能把信打開。亞力好奇地打開了信封。裡面有一張卡片，其中一面有個手寫的問題：

亞力：

你打算以多少錢把史氏公司賣掉？

泰德

這是過去八年來，亞力想過很多遍的問題。

亞力以各種不同的角度思考過。首先，他自問這家事業對別人值多少錢。下個月就要年終了，對於今年的財務可能會如何收尾，哈利給了他初步的概念：

營收：一百四十萬美元

開銷：一百三十一萬三千美元

稅前純益：八萬七千美元

亞力明白，像他這種小型服務型企業一般都會賣到稅前純益的三到四倍左右，相當於只有不到五十萬美元的價值。這樣不夠。

接著他從另一個角度來思考泰德的問題：這家公司對他來說值多少錢？他需要多少錢才會覺得獲得財務自由？第二個數字大得多了。由於兩個數字的落差頗大，於是亞力決定先處理其他的規劃事項。但他也下定決心，在離開海濱別墅前，就要把泰德的問題回答出來。

他把早上剩下的時間都用在規劃來年。他思考著吸引買主所需要的財務績效，也明白了營收和盈餘都必須大幅提升才行。

安潔和席默穩穩當當地每週成交一個商標。每個商標的要價是一萬美元，所以他們成交的商標可能會達到略低於一百萬美元的金額。他隨手把數字寫在便條紙上，並以此來推算各種方案。他有把握找到更多的業務員，但也希望平衡蕊娜和克里負擔的工作量。五步驟商標設計服務頗新，但他絕對想要擴大這個業務。他訂出了年營收兩百五十萬美元的目標，因此寫下還需要多請三個業務員，以及新的客戶總監與美編來幫忙蕊娜和克里分擔工作量。

接著他把注意力轉到開銷上。毛利率一五%，相當於稅前純益三十七萬五千美元，應該是合理目標，因為創作商標幾乎沒有任何硬體成本。他逐項檢視開銷，想找出可以縮減的成本來達到他的毛利目標。他發誓要把訂閱的《廣告時代》(*Advertising Age*)給停掉，因為他不再做廣告了。外包文案不需要；他今年也不必參加美國廣告代理商協會在聖地牙哥所舉行的媒體年會，因為他再也不必幫客戶購買媒體版面或時段了。全力做商標後，公司所能省下的成本讓他感到喜出望外。即使多加三個業務員，並為蕊娜和克里找個幫手，一五%的毛利率目標也不會太牽強。

這個早上過得很順利。亞力犒賞自己的方式，就是把他從城裡帶來的三明治大口吃掉。午餐過後，亞力走到海邊。亞力一面沿著海岸走，心裡一面回想著泰德的問題。八年的心血對亞力來說值多少錢？多少錢才切合實際？這些問題不斷浮現，亞力卻一直想不出答案。

剩下的午後時光，亞力返回海濱別墅思索著，他需要改變哪些事，才能達到兩百五十萬美元的營收。

烤肉爐的自動點火器一按就點燃。亞力轉到大火，讓它預熱五分鐘。他把買來的那瓶貝林格（Beringer）葡萄酒打開，倒了一杯，但並沒有馬上喝，想先醒醒酒，吸收融入海水的氣息。在四百度的烤架上，亞力把肉兩面翻烤一下，然後擺在架上再烤了五分鐘，晚餐就大功告成了。

他把牛排切開薄薄的一層，檢查色澤，果然是完美的粉紅色。它的味道就跟外表一樣讚。他吞下第一塊時，滿足地配了一口酒。閉上眼睛，品嘗著兩種風味交會時所散發出的滋味。

獨自用餐的亞力露出了笑容，他細細思索著到目前爲止跟泰德合作所取得的進展。拜託蒙亞銀行施捨工作的情況不再，取而代之的是源源不絕的新客戶；以前得親自打點所有客戶，現在有蕊娜照著操作手冊來做就可以；晚上不需要再打電話給瑪莉．丹，反而得學著怎麼妥善投資多出來的現金。泰德的問題再次浮現在他的腦海。他又爲自己倒了一杯加州的頂級佳釀。或許是受到酒精催化，他決定把他認爲公司目前身價的現實擺在一邊，轉而思考他需要多少錢才能過夢寐以求的生活。

有些不可或缺的東西是他想要的，但整體而言，他很驚訝自己的物質欲望竟然這麼低。他喜歡自己的車子。他的房子有貸款要還。海濱別墅固然好，但不是非要不可。也許跟潘妮還有孩子去旅遊個幾趟。整體來看，他的生活需求並沒有那麼遙不可及。他所渴望的其實是自由。在工作生涯中，他一直被客戶使喚來使喚去，已經厭倦聽到別人要他怎麼做。他想要擺脫工作的束縛。隨著酒精麻痺了公司究竟值多少錢的現實，亞力回答了泰德的問題。

他想以五百萬美元把史氏公司脫手。

第八章 數字

亞力開著荒原路華回到城裡時，覺得十分滿足。V8的大引擎應付六十英里的時速綽綽有餘，聽起來根本不像每分鐘轉速有兩千轉。時間還很早，於是停下來喝了杯咖啡後，亞力便直接開往泰德的辦公室，去歸還海濱別墅的鑰匙。

泰德正在講電話，示意亞力等他一下。電話一講完，亞力就把鑰匙還給泰德。

「謝了，泰德。你的別墅眞棒。」

「很高興你喜歡，亞力。規劃得怎麼樣？」

「還不錯。我會努力讓今年的營收達到兩百五十萬美元，而且我想把稅前毛利提高到一五%。」

「那你就要大幅改善目前的情況才行。你打開信封了嗎？」

「打開了。」

「所以你的數字是多少？」

亞力被泰德的開門見山嚇了一跳，所以停頓了一下。

「起先我是依照我認爲公司值多少錢的觀點來算。後來我看了我們的目標，然後……」

亞力試著解釋他的理論基礎，泰德則聽得很專心。

「我考慮了到目前爲止我爲公司所付出的心血，未來兩年還會有多少建樹，以及……」

要把自己的數字告訴泰德，讓亞力很緊張。他抬起頭來，猶豫了片刻，然後說：

「我的公司想賣五百萬美元。」

泰德並沒有因爲聽到亞力的數字而被嚇到，只是給了一個簡單的指令。

「我要你做件事。你或許無法立刻理解今天爲什麼要做這件事，可是相信我，將來你就會明白，而且會很高興自己做了這個動作。從這些空白卡片抽一張出來。」泰德把卡片遞給他，就跟他在海濱別墅寫問題給亞力時所用的那張一樣。「把五百萬美元寫在這張卡片上，然後把卡片裝進信封裡封起來。」

「聽起來頗有玄機。爲什麼要把它寫下來？」

「以後你自然會明白。寫下來就對了，然後把信封擺在一、兩年後還能找到的地方。」

時序進入了十二月，安潔和席默的銷售業績一直都很順利。儘管遇到聖誕假期，安潔仍成交了六個商標，席默則成交了五個。亞力要安潔和席默兩人推薦自己在前一家公司認識的業務員。席默有個朋友聽到他對新公司的好評，表示有興趣加入。短暫的面談後，亞力便錄用了他。安潔所推薦的朋友是離開工作崗位幾年去結婚生子後，又重新回到職場上的。亞力則是請熟人幫忙介紹，找到了公司的第五位業務代表。

他們協助新同事熟悉了公司所設計的銷售流程。在此同時，亞力也請熟人幫他尋找客戶總監的人選。他面談了六個人，希望能找到跟蕊娜一樣重視細節的人選。最後他錄取了從租車公司離職的貝琳．卡，她在那裡已做到了分店經理。蕊娜和貝琳則請了一位助理，幫忙處理一些瑣碎事務。

亞力聯絡了美術學院的母校，告訴教授他在找既能手繪草圖、又懂最新電腦設計的美編。他要克里先跟幾位美編面談，他們再一起挑出符合標準的人選。

史氏公司正在成長：有五位業務員、兩位客戶總監、兩位美編、一位助理，以及總管辦公室和帳務的奧嘉。

雪下了一整夜，使早上開車到辦公室比平常要來得慢。亞力把車停在平常的位置，舉步維艱地穿過融雪走進大樓裡。他把身上的雪跟鹽盡量拍乾淨，走向辦公室。安潔正靠在門廊上等他。她往旁邊讓了一步，讓亞力進去。

「亞力，我們能花幾分鐘談談嗎？」

「好啊，安潔，我先脫一下外套……」

安潔毫不浪費時間。

「我很高興我們請了三個新的業務代表，可是我愈來愈分身乏術了。他們有很多疑問，我也想要幫忙，可是這讓我連自己的業務都快顧不了了。我知道席默也有同樣的感受。」

亞力試著安撫安潔的情緒。「安潔，我知道你們在指導新人上幫了非常大的忙，我也很感激你們花了這麼多額外的工夫。」

「那很好，可是我認爲以我們現在的情況，你得決定一下，你是要我銷售還是管理。我沒辦法兩者兼顧。」

亞力承諾，下星期他就會答覆並解決安潔的問題。

這個月的最後一個星期二，就跟過去六個月來其他大部分的星期二沒兩樣，一開始是由亞力向泰德報告當週的數字。

「二月到目前爲止，是還不錯的一個月。」亞力回報說，「安潔成交了四個商標，席默在這個月是五個，新的業務代表也各成交了第一個商標。」

「亞力，這眞是個好消息！」

「是，可是我們的成長開始碰到了一些問題。安潔花了很多時間把我們的流程教給新進的業務代表。我知道蕊娜要幫忙帶貝琳，因此覺得忙不過來。克里也提到說，我們需要第三位美編。」

「很好。」泰德說。「你到了該建立管理團隊的時候了。」

「聽起來像是蒙亞銀行才會做的事。」

「假如你要把自己的事業賣掉，你就得證明，少了你，它也能經營下去。你要讓潛在買主知道，你有個可以不靠你而維持業務運作的管理團隊。」

「你是建議我請外面的經理人嗎？」

「完全不是。聽起來安潔、蕊娜和克里已經是你的主管人選了。你只要正式授職就行了。」

「我想你說得對。可是這樣不是要多付很多薪資嗎？」亞力反駁說。

「不見得。」泰德說，「你得把他們的津貼跟業績目標綁在一起。你可以靠很少的分紅做到這點，讓他們有機會分享史氏公司的成長。」

「你是說讓他們入股？」

「入股容易節外生枝。那很花時間，況且你爲什麼要無緣無故稀釋自己的股權，把局面變複雜？」

「假如不入股，我還有什麼辦法可以讓他們參與公司的成長？」

「選項有很多。」泰德解釋說，「你必須決定，你要不要獎勵忠誠。在這種情況下，你可以設置留任獎金來綁住他們任職到將來的某一天。或者，你也可以為了達到某個業績目標而設置績效獎金。」

「在你所賣掉的服務型企業中，你用的是哪一種？」

「我用的是長期獎勵計畫，藉此獎勵主管們的績效和對公司的忠誠。」

「那要怎麼設計？」亞力問道。

「我為主管訂下目標，達成個人目標的就有相對應的獎金。我每年年終發給他們獎金，同時會另外撥一筆錢到為主管而設的特別基金帳戶裡，金額跟年終獎金一模一樣。計畫實施三年後開始，他們每一年都可以從基金裡領走三分之一的錢。如此一來，他們的基金每年都會隨著個人績效而增加，但要等到進帳三年後，才能動用這筆額外的錢。假如他們決定離職，就拿不到三年的獎金。」

「我原本以為收購公司會想看到管理階層擁有實際的股權……」

「根據我的經驗，收購公司會想看到有現成的管理階層，而且這個管理團隊有某種的長期獎勵計畫，足以鼓勵他們在企業被收購後繼續留任。入股是其中一種做法，但入股和股票選擇權制訂起來很複雜，而且將來可能會引起大大小小的麻煩。假如從安潔、蕊娜和克里的共同觀點來看，像我在我公司中所採用的那種長期獎勵計畫，有很多優點是入股所比不上的。對小型服務型企業來說，員工持股也得要有市場可以流通，入股才有價值。假設史氏公司根本不上市——而且我想這是八九不離十的事，你很可能會決定不賣掉公司，那他們的持股就值不了多少錢。在一家被綁得死死的中小企業裡當員工，我當然寧可要一清二楚的現金獎勵計畫，也不要那麼一點點的股份。」

隨著會談進入尾聲，泰德要亞力下星期花點時間想一想，他要怎麼規劃管理團隊的薪資津貼。

泰德的第十二招

建立管理團隊，並為他們訂出長期獎勵計畫，以回報他們的個人績效與忠誠。

亞力把安潔升為業務副總經理，蕊娜升為客服副總經理，克里則升為副總裁兼創意總監。他的新管理團隊對於自己的新頭銜都感到很興奮。他分別為他們加薪了七%，並比照泰德在上次見面時所說的規劃，實施了長期獎勵計畫。亞力對新的管理團隊解釋說，他們還是一家小企業，所以每個人都要繼續肩負起以往的職責，升職是對他們額外負擔管理工作的一種肯定。

星期五時，亞力帶著滿足感離開了辦公室。他所設計與專營的標準流程可交由別人來執行，所打造的銷售機制創造滾滾而來的現金，所建立的管理團隊也有了長期獎勵計畫。

他就快要有一家具有賣相的公司了。

第九章 漸入佳境

接下來的幾個月，史氏公司都是按照亞力的計畫在走。在安潔的帶領下，新進業務員表現優異。蕊娜很注重細節，並習慣訂立流程，這使她成了一位出色的主管。克里請了第三位美編，並繼續提升五步驟商標設計流程的效率。而根據哈利的資料，該年度前六個月的財務表現同樣亮眼：

營收：一百二十八萬美元

開銷：九十九萬五千美元

稅前純益：二十八萬五千美元

年度才過半，亞力就已經快要超越他的營收和毛利目標了。

瑪莉．丹邀請亞力見個面共進午餐，這很奇怪。他有六個月沒聽到瑪莉的消息了；他的帳戶信用良好；而且亞力通常是去瑪莉位在蒙亞銀行市區分行的辦公室找她，從沒在一家市區著名的餐廳共進午餐過。

服務生過來，瑪莉替兩人點了氣泡水。他們尷尬地瞎扯了幾分鐘。瑪莉從來沒問過亞力的私生活，所以她也沒有什麼話題可以發揮，於是只好聊天氣和運動。看得出來她在撐場面。

午餐上桌、服務生離開後，亞力把話題帶回到正事上。

「離我們上次談話有一陣子了。你爲什麼想吃這頓飯？」

「我喜歡跟客戶一年見個幾次面。」瑪莉誇張地說。「離上次見到你有一陣子了，而且從你的帳戶進出看得出來，你們公司的人很忙。」

亞力決定別讓瑪莉難做人，並順勢藉由她的問題來說明他們公司的新焦點，包括商標、事前收費、營收主軸，以及建立團隊。

「那眞了不起，亞力。我想你的新焦點業務對我其他的一些客戶也會有幫助。」

餐盤收走後，咖啡送了上來。瑪莉切入了正題。

「對於你存在我們銀行的錢，我想我可以提供你更好的報酬率方案。」

亞力點點頭，並示意要瑪莉說下去。

她環顧四周，看看會不會被別人聽到，壓低了音量說話。

「到今天早上爲止，你的帳戶裡有二十三萬美元。而且依照你的存款情況來看，你暫時都還用不到這筆錢。你有沒有考慮過高收益定存？」

瑪莉低著聲介紹聯邦存款保險公司（FDIC）的保險和利率，亞力禮貌地聽著。

在鉅細靡遺論述了蒙亞銀行存款產品的諸多特色後，瑪莉發動了下一波的攻勢。

「假如你想要擴大營業，我們隨時支持你。」

「你所謂的『支持』究竟是指什麼？」亞力問道。他被瑪莉的閃爍其詞搞得不耐煩了。

「我們有利率非常優惠的信用額度。你目前的信用額度是十五萬美元，但我有保握能叫信用部門把它調高到三十萬美元，也許更高……」

亞力簡直不敢相信自己的耳朵。經過六個月，瑪莉從像地下錢莊一樣地追著他跑，變成主動提出調高信用額度，並且還邀他在一家高級餐廳裡共進午餐。這眞是諷刺。亞力本想戳破瑪莉態度不變的嘴臉，但他並沒有，只是笑笑地靠在椅背上，享受著被蒙亞銀行奉承的滋味。

下半年進展得很順利。安潔的團隊持續每週成交一個商標。蕊娜把五步驟商標設計流程操作手冊進一步細部分解，完善的程度，連亞力都覺得可以媲美登陸月球的簡報。克里很忙卻開心地指導著日益壯大的年輕美編團隊。還剩下五週，哈利預估到年底時財務狀況會是……

營收：兩百七十一萬五千美元
開銷：兩百二十二萬五千美元
稅前純益：四十九萬美元

亞力期待著找一天空檔來規劃新的年度。

在海濱別墅，雨下了一整天。亞力讚嘆著大海的威力，以及從泰德的別館裡看出去的磅礡雨勢。既然天氣如此，亞力便把一整天都拿來做規劃。

過去一年來他們不斷創下各種紀錄：安潔和她的團隊把業績提升了一倍多；克里的美編創作的商標超過了兩百五十個；而從客戶在推出新產品和增設新部門時回頭找蕊娜的次數來看，她已經培養了一群滿意的老主顧。

亞力已打下了穩固成長的基礎。他決定把年度目標訂爲五百萬美元的營收，以及二〇%的稅前毛利。那天晚上，亞力寫了一封電子郵件，向泰德報告他的最新進展。

泰德：

謝謝你今年又讓我使用你的海濱別墅來規劃新的年度。我要達到五百萬美元的營收和一百萬美元的稅前純益！等我星期二去找你的時候，我再跟你報告詳情。

星期二會面一開始，亞力很快報告了最新的數字。泰德一面聽著亞力的進展，一面露出了笑容。他從椅子上起身，走到窗邊，然後轉過身來面對亞力。

「我們剛開始合作的時候，史氏公司是一家經營不善的事業。你的團隊被要求去做不適任的工作，所有的銷售和客戶管理都是由你負責，現金流量吃緊，你也好一陣子沒辦法去度假。」

亞力回想起了十八個月前的日子。

「對，那彷彿是很久以前的事。我現在開心多了。」

「我想也是，所以我才想重新檢視一下你要把公司賣掉的決心。假如今年一如規劃進行，你就能達到一百萬美元的稅前純益。你的事業不像過去那麼辛苦了。你做的不是高資本密集的工作，加上你的現金流量循環是正的，今年你大概就能發出大筆的獎金，並能持續擴大公司規模。」

亞力默默地坐著，專心聽泰德講話。他在賣掉事業的單行道上走了一年多，都沒認眞想過不同的方向。

泰德要亞力跟他一起來到桌前，好讓兩個人都能看到他的電腦螢幕。泰德做了一份試算表，上面有兩欄。第一欄標示著從今天算起一年後的日期，第二欄則是從今天起六年後的日期。在標有「營收」、「EBITDA」（未扣除利息、所得稅、折舊與攤提前獲利）和「倍數」的那幾行裡，泰德打了一些數字上去。

「這個試算表是做什麼用的？」

「亞力，假如你今年能達到一百萬美元的稅前盈餘，你或許就能以五百萬美元把你的事業賣掉。而這也是我們在一年前見面時，你所訂下的目標。」

經過這番說明後，泰德指著試算表上寫著「銷售收益」的欄位，以及格子裡所填的數字五百萬美元。亞力一想到就忍不住露出了笑容。

「不過，你也可以選擇把事業留下來。你要承擔一切的風險，而且有時候會很辛苦。但假如你把事業多留個五年，並讓它每年成長兩成，你的事業可能會價值一千兩百萬美元以上。而且以你最近的成長步調來看，兩成還算保守。」

泰德指著試算表。

「把你的事業賣掉是個重大的決定。這個過程會很累人，你和家人也會受到波及。一旦賣掉，你就不能回頭了。我要你這星期去想一想，你做的決定對不對。等下星期回

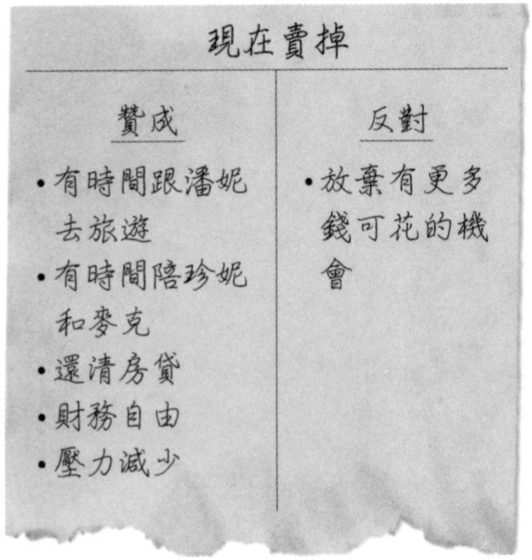

贊成	反對
• 有時間跟潘妮去旅遊 • 有時間陪珍妮和麥克 • 還清房貸 • 財務自由 • 壓力減少	• 放棄有更多錢可花的機會

來時，假如你還是想把公司賣掉，我們就來進行最後一步。」

亞力需要思考，所以必須離開辦公室。他在泰德的辦公室附近找了一家星巴克，點了一杯咖啡，在安靜的角落坐下來。他把筆記本翻到空白頁，並照著母親一直以來在他面臨重大決定時所教他的方法來做。他在頁面的中間畫了一條直線，並在左邊寫下「贊成」，在右邊寫下「反對」。他開始填進內容。

亞力看著這張表，不斷回想起泰德在見面時所計算的數字。五百萬美元象徵著財務自由。有一位理財專員曾經告訴他，靠著他自己投資永續年金有四%的報酬率，他就一輩子生活無虞了。這表示說，在他把賣掉公司的稅繳清後，終其一生，他每年還可以靠存款賺進六位數的收入，而且不會動到本金一毛錢。珍妮和麥克上不了私立學校，但他這個老爸會有時間陪他們。潘妮則會很高興還清房貸，他們的財務也總算有了保障。

接著亞力想到了一千兩百萬美元。如果有了這麼多錢，他還清房貸和旅遊的錢綽綽有餘，但接下來他的腦筋就一片空白了。亞力想不出有什麼東西值得他冒這個險。多七百萬美元的邊際價值有限，風險卻不小。假如他把事業多留五年，經濟情勢可能會生變，競爭對手可能也會決定專做商標，安潔可能會另起爐灶打對台，他可能會被告……亞力滿腦子都是世界末日的景象。

他寧可當下拿到五百萬美元，也不去賭五年後一千兩百萬美元的機會。或許那會讓他被人看扁。也許泰德會認為，他不是真正的生意人。無所謂——他已經決定要賣了。

泰德和亞力雙雙坐在椅子上，就跟過去十八個月來的每週二早上一樣。

「泰德，謝謝你做了試算表，並強迫我去重新思考賣掉公司的動機。」

「哪裡。這是個重大的決定。」

「的確是，而且對於把公司賣掉的決定，我覺得比以往更篤定了。說到底，我是個簡單的人。我不需要度假別墅或私人飛機。我想要體驗眞正的財務自由，五百萬美元就夠了。」

「我很高興你又仔細想了一遍，我也很樂意幫助你走完整個流程。我要你爲崎嶇的路程作好準備。最後這幾步可能會耗上六到八個月，而且會有點像在坐雲霄飛車。」

「我準備好了，泰德。」

「很好。我想到了這個時候，我們需要開始找個顧問來代表你談判了。」

「你是說像經紀人那樣？你確定我需要嗎？」

「好的仲介能幫你談到有利的條件，最好還能事先就把很多棘手的問題問清楚。」

「你會推薦哪種仲介？」

「仲介的種類形形色色。理想上所要找的仲介是，你在他眼中是個有意義的客戶。『商業仲介』這個名詞通常是指接小案子的個人，而且交易的總值遠低於五百萬美元。你眞正要找的是一家小而美的購併仲介公司。你所挑選的公司既要大到足以受潛在買家的敬重，又要小到足以讓你的案子爲他們所重視。理想的話，他們還要經手過一些你那行的併購案。」

「你有認識什麼人是我可以去接洽的嗎？」亞力問道。

「我會推薦你去找馬克．崔，他經營了一家崔氏創投公司。辛蒂會把他的電話號碼給你。也可以去跟佩姬．莫談談，佩姬是耶梅創投公司的合夥人。」

泰德的第十三招

在找仲介時，你既不能是他們最大的客戶，也不能是最小的客戶。你要確定他們懂你的行業。

崔氏創投公司的辦公室位在市區。亞力走進去時，接待人員看起來一臉狐疑。她冷冷地招呼他，說崔先生很快就會出來見他。十分鐘後，有一位女士從門後走了出來，並介紹自己是馬克．崔的助理，名叫雅曼。她請亞力跟著她走上迴旋梯，通到崔氏創投公司上一層樓的辦公室。

雅曼把亞力帶到了一間會議室，從那裡可以俯瞰市區。亞力數了一下，大型玻璃會議桌的周圍擺了十二張豪優（Aeron）人體工學椅子。他覺得坐在這麼大的桌子前會有點彆扭，於是他選在接近門口的一邊坐了下來。雅曼回來時，奉上了一大瓶沛綠雅礦泉水。高腳玻璃杯裡放了冰塊，銀色端盤的邊緣則擺了三片切好的萊姆。亞力看著靜音的平面電視，藉此打發時間。美國財經頻道CNBC正在播放股市即時行情，彷彿資本市場是某種熱門運動賽事。馬克．崔總算來了，他緊緊地握了亞力的手，並掛著大大的笑容。

「所以亞力，你怎麼認識泰德．葛的？」

「他是家族的老朋友。你跟泰德是怎麼認識的？」

「我們是收購泰德顧問公司的買方代表。他是個聰明人，也是個很難應付的談判對手。稍微跟我介紹一下你的廣告公司吧。」

「我們其實不再是廣告公司了。我們專門在設計商標。我們替要推出新部門或新產品的公司做了很多商標。」

「有意思。我們認識不少本地的廣告公司。你們的創意總監是哪位？」

「他的名字叫做克里．查，你應該不認識。我們並沒有把自己看成是廣告公司。我們做的東西就只有五步驟商標設計。我們在設計商標方面已變得非常在行。」

馬克的雙手揮舞了起來，亞力見狀，還以為他得到了某種天外飛來的靈感。亞力停下來，好讓馬克說話，想聽聽究竟是什麼事情讓他這麼激動。

「我知道哪家公司最適合買下你的公司了。」馬克宣布說。

才討論了幾分鐘，就聽到馬克已經想到要找誰來買下史氏公司，這可把亞力嚇了一跳。他好奇地要馬克說清楚一點。

「是這樣的，我們替摩特做過不少事。」

亞力知道，摩特是全球最大的廣告控股公司，年營收超過十億美元，而且觸角遍及世界各地。

「史氏公司恰好是摩特會喜歡的那種補強式收購目標。我很樂意安排你跟他們的北美業務拓展經理見個面。」

「聽起來很不錯，馬克。你們都是怎麼跟客戶合作的？」

馬克繼續解釋，說他們的收費是成交金額的五％，但他們所合作的公司一般都大得多。他說在正常情況下，他不會接像史氏公司這麼小的公司。但既然是泰德介紹，而且他跟摩特已經建立了不錯的關係，所以他願意給泰德做個人情，擔任亞力的談判代表。

亞力離開崔氏創投公司時，有種喜憂參半的感覺。一方面，他覺得馬克很厲害，而且跟摩特的關係肯定很好。另一方面，情況似乎不太對勁，一切聽起來有點太容易了。

亞力的下一站是去耶梅創投公司拜會佩姬．莫。她出面迎接亞力，並領著他到辦公室去。佩姬要他談談自己的公司，亞力便大致說了一下史氏公司從廣告商轉變成專營企業的歷程。

「亞力，你做到了大部分事業主從來不會去做的事，那就是把自己從經營的核心抽離出來。你有了可以預測成果的營收主軸，能創造經常性營收。正現金流量對買主很有吸引力，你的資金結構很簡單，管理團隊看起來也會待很久。你所打造的是一流的事業。」

「謝謝誇獎，佩姬。為了投石問路，我昨天去崔氏創投公司跟馬克．崔見了面，他認爲我們會是摩特的理想對象。就潛在買家而言，你對摩特有什麼看法？」

「他們不會是我的首選。大公司在收購公司時有一套標準公式，而且一般都會訂定三到五年的獎勵分配款。此外，大公司會認爲，所有的公司都想要跟他們一樣。對於你爲了走專精路線所付出的一切努力，我並不認爲他們會加以重視或珍惜。」

對於佩姬讚賞他爲了跳脫廣告公司模式所付出的努力，亞力留下了極好的印象。他請佩姬提出一些可能的收購公司。

「我會找機會再多想個幾家，但隨便舉個例子來說，我所能想到的是一家大舉投資彩色印刷硬體的科技公司，或者大型的印刷公司也可能會有興趣。如果有公司想要從找你做商標的公司手上拿到印刷合約，你就可以當他們的特洛伊木馬。」

亞力很喜歡佩姬的想法。

接下來她談到他們公司的合作方式。他們的收費是成交金額的五%，但在接案開始後的六個月，每個月要先收七千美元的履約金。亞力問佩姬能不能免掉履約金，而她回答得也很乾脆。

「收履約金是對我們的保障，表示你是眞心要把公司賣掉。遇到不是眞心要把公司賣掉的業主，假如我們不收履約金就接受委託，只是浪費大家時間。」

亞力了解佩姬的立場，但也很納悶馬克．崔為什麼不收履約金。

在星期二見面時，亞力一開始就談到跟馬克．崔還有佩姬．莫的會面。

「所以你會找誰？」泰德問道。

「我還不確定。我看重的是，馬克認識摩特那些人。他似乎認為，摩特在接下來幾週就有可能出價。」

「我明白，亞力。可是假如你想聽我的建議的話，我會對馬克敬而遠之。聽起來他是想要送禮給摩特，藉此替自己的公司打點關係。馬克靠替買家牽線賺了不少錢，而且摩特是他的大客戶。聽起來他會設法把你送給摩特，不給其他任何公司有製造競爭壓力的機會。要是少了這樣的競爭，你可能會對摩特的出價感到失望，並浪費掉許多時間。」

「我壓根沒想過這點，可是跟馬克合作，看他能不能讓摩特出個好價錢，這樣有什麼不對嗎？既然他不收履約金，我看不出我有什麼好損失的。」

「你一找上購併公司，別人知道你有興趣出售的機率就會提高。馬克會答應把事情保密，可是你的打算有愈多人知道，事情傳到你的員工或顧客耳裡的機率就會愈高。」

對於泰德的警告，亞力思索了一會兒，並換個角度切入。

「佩姬要收履約金。」

「那不見得是壞事。她會專門代表你出面，而且她還是會很有衝勁，因爲她的報酬大部分都是靠幫你談成生意所得。她是個專業人士，所以需要以某種方式來確保你是玩眞的。還有，佩姬也瞭解你們不是一家普通的廣告公司。」

「你跟購併公司合作的經驗豐富得多，所以既然你都這麼說了，那我傾向選擇佩姬。」

「我想她會很稱職的。」

泰德的第十四招

對於提議找單一家客戶來洽談的仲介要敬而遠之。務必要讓公司有人搶著買，並且不要被仲介當成用來討好大咖客戶的籌碼。

第十章
成長的空白支票

一拍板定案，佩姬就要亞力爲史氏公司訂出三年的經營計畫。她要亞力納入財務預測，並附帶說明亞力爲商標設計業務所設想的目標市場與整體商機。佩姬解釋說，亞力的計畫將成爲她諸多作業的基礎，而且計畫訂得扎實也很重要。

亞力從來沒有事先規劃過一年以上，所以覺得編寫三年計畫的過程很累人。一個假設衍生出下一個，等寫到計畫的第三年時，亞力覺得自己彷彿是在寫一部小說。在寫財務預測時，亞力預期未來三年的營收會有兩成的成長率。而兩成毛利率的目標也維持不變。一寫完，亞力就用電子郵件把計畫寄給泰德，想聽聽他的意見。

泰德要亞力去他辦公室對街的星巴克跟他碰頭。

「早，亞力。」泰德面帶微笑地說道。「你要喝什麼？」

泰德跟店員點了大杯拿鐵和一瓶水。他們找了個安靜的角落坐下，亞力便打開了話匣子。

「你覺得這份計畫怎麼樣？」

「是個不錯的開始。在談計畫前，我想先聊聊咖啡。」

亞力不明就裡。「我有注意到你點了水。我們不必爲了遷就我而在這裡見面。你知道我們可以去……」

「不不，是我想要來這裡見面，以便聊聊星巴克。他們開創了一番了不起的事業，你不覺得嗎？」

亞力不曉得泰德的葫蘆裡賣的是什麼藥，但還是順著他的話接下去說。

「在美國各地大街小巷，他們差不多都有店面。」

「而且全都大同小異。他們甚至有自己的用語，你們這些喝咖啡的人全都可以琅琅上口。」

「這跟我的計畫有什麼關係？」

「亞力，我是要你加一點星巴克在你的計畫裡。」
「什麼意思？」
「當公司想收購時，通常是因爲想要成長。他們多半無法像自己所希望的那樣，靠一己之力迅速成長，所以才要靠收購公司來強化營收。你如果要讓史氏公司得到最高的估價，你就要證明你有辦法成爲收購者的成長引擎。」
「這跟星巴克有什麼關係？」亞力問道。
「你下次在打草稿時，想想星巴克的成長有多凌厲。試想有一張空白支票可以給你無窮的資源，而你則要想盡辦法爲史氏公司帶來最大與最快的成長。你要爲收購者勾勒出商標設計業務的可能性。」
「但那不是等於在說謊嗎？」
「絕對不是。你的計畫必須做得到，但不見得是要靠自己達成。佩姬所接洽的公司會比你大得多。他們會有更多的資金、更多的實體辦公室、更多的員工，什麼都更多。假如你能把大公司的資源引進史氏公司，你的成長就會比單打獨鬥要快得多。」
「在不知道收購者是誰，以及他到底有哪些資源的情況下，我的計畫要怎麼寫？」
「這時候最好的辦法就是，試想你有一張空白支票與無窮的資源。收購公司有很多的時間可以審查你的計畫，並根據他們的合理思考來挑剔你的財測。我要你拋開保守小老闆的想法，試著想想有哪些可能。你能不能在全國各大城市設立衛星辦公室？你能不能把業務人手增加一倍？你能不能運用網路來銷售商標？學學星巴克的想法。」

在祝亞力好運後，泰德就離開了。亞力則又點了一杯咖啡，並開始把一些東西寫下來。

泰德的第十五招

擴大思考格局。編寫三年的經營計畫，勾勒出你的事業有哪些可能。記住：把你收購旗下的公司會有更多的資源，可以讓你加速成長。

計畫草案的第二個版本寫起來比較得心應手了。亞力把現實拋到腦後，並想像史氏公司在休士頓、芝加哥、洛杉磯、紐約和亞特蘭大都有衛星銷售辦公室。他規劃了一個電話行銷據點，以針對缺乏設計資源的美國鄉村，由八個電話業務代表向小企業推銷五步驟商標設計服務。新計畫所訂出的營收是，三年後一千兩百萬美元。亞力愈寫愈相信這個計畫眞的做得到，只要他能找到對的收購者。

亞力用電子郵件把第二份計畫草案寄給泰德。幾個小時後，電子郵件就傳來了泰德的回音：

亞力：

我喜歡這個新版本的計畫。加了不少星巴克概念——我想它對你會很有用。

我建議你改個小地方：不要把今年的財務數字稱爲「預測」。你要表現出，你對今年的財測深具信心。今年的財測要稱爲「本年度」才對。等來到出價階段時，今年將已經過了三季，你也希望收購公司是依照五百萬美元的營收、一百萬美元的獲利來出價，而不是依照去年的數字吧。這個調整很小，但卻很重要。

做得好！

泰德

亞力走到辦公室中央的白板前。他看到業務們無不順利照著計畫走。每位業務代表當週至少都有六場拜會行程，每個人也都達到了當月要成交四個商標的目標。

他走回自己的辦公室，在電腦上打開第二份計畫草案。他把提到今年財務目標的那頁找出來，把「預測」兩個字改成「本年度」。

佩姬．莫四十好幾了。午餐吃沙拉，加上每天固定上跑步機，著實使她看起來年輕了至少五歲。她剛上完午餐時段的皮拉提斯課，這讓她第一次跟亞力開工作會議時，整個人顯得精神奕奕。亞力一進到耶梅創投公司的辦公室，她便穩健地握了握他的手。

她把亞力帶進小會議室，裡面擺了兩份亞力用電子郵件寄給她的計畫、鉛筆、計算機，以及兩瓶水。

「亞力，今天開會的目的，是要讓我對你的計畫有充分的了解，這樣我才能針對你的公司寫出兩頁的預告文件(teaser)，並開始製作『大書』。」

亞力需要對收購交易用語有初步的了解。「什麼是預告文件?」

「預告文件是用一、兩頁來說明你的事業，一方面宣告你的公司要出售，一方面勾勒出你的公司所能帶給潛在買主的商機。」

「可是我的員工和顧客不會發現公司要賣了嗎?」

「不會。我們不會讓預告文件曝光，也會讓公司匿名。假如有收購公司感興趣，我們就會寄保密協議給他們。假如他們簽了保密協議，那我們才會把你的事業與計畫的完整說明寄過去。我們稱它為『大書』。」

「你們會把預告文件寄給多少人?」

「理想上，我們的精選名單應該是二十家公司左右。我已經開出了一長串名單，我要你幫忙進一步精簡，只留下基於營運策略不得不收購史氏公司的公司。」

「我聽說過策略性買主和財務性買主。我猜你會推薦我們找策略性買主。」

「策略性買主一般都比較捨得花錢，因為你對他們的價值比對財務性買主的價值要高。策略性買主會模擬說，假如他們把你納為己有，並把所有的資源投注進去，你這家事業會如何表現。財務性買主則是純粹尋求投資報酬，所以除了簽支票簿，在交易中就不太會做什麼了。在發揮不了什麼綜效的情況下，財務性買主一般出價都比較低，以確保本身的資金能獲得理想的報酬。」

「所以你認為哪些公司有策略上的理由買下我們？」亞力問道。

佩姬拿出了一長串潛在買家的名單，並指給亞力看。

「你在審閱時，考慮一下曾找你合作的公司。想想你的供應商和其他有聯絡的公司。你的計畫需要更多的辦公室和更多的業務員，所以想一想在其他城市已經有很多業務員或辦公室的公司。有哪些公司最能發揮綜效？」

佩姬和亞力針對各家公司展開了腦力激盪，並一一評定它們在策略上的合適性。兩個小時後，佩姬把名單縮減到二十三家公司，它們都有充分的策略理由來收購史氏公司。每家公司都有充裕的現金可以買下亞力的公司，而且就佩姬所知，他們都不排斥收購。

亞力打開車頂，這是入春以來的第一次。現在是三月的最後一個星期二，經過漫長的冬天後，陽光終於帶來了回暖的跡象。

在星期二的聚會中，亞力一開始就提到了他跟佩姬的會面。泰德卻揮手要他停下來。

「在我們討論佩姬前，先把這星期的數字告訴我。」

亞力嚇了一跳，因爲他以爲泰德今天會想談佩姬對收購計畫的安排。儘管如此，他還是把心思拉回到白板上，並總結了他們的進展。

「我們很上軌道。安潔的團隊上星期成交了八個商標，使這個月達到了二十七個，況且這個月還有三個工作天。蕊娜則又請了一位客戶總監，所以她的團隊現在有五個人了。克里下星期要面試另一位美編。我們的老客戶天然食品又回來要做另一個商標，這次莉奇要推出的是一款有機巧克力牛奶。」

「我還以爲關心環保等於健康生活了呢。」泰德促狹地笑道。玩笑開完後，泰德便嚴肅了起來。

「亞力，你和佩姬的合作會耗掉你很多時間。雖然很辛苦，但還是必須緊盯史氏公司的表現。今年度的財測一定要達到。」

「我會密切注意的。」亞力說。

「還有一件事，我希望你去想一想。我注意到，你用了『客戶』這兩個字來稱呼天然食品。」

「是啊。莉奇成爲我們的客戶很長一段時間了。」

「那是不錯，可是我要你把『客戶』（client）這兩個字改成『顧客』(customer)，並以此來稱呼跟你們購買商標服務的公司。」

亞力不敢相信，泰德對一、兩個用字都這麼要求。

「這件事爲什麼這麼重要？」

「服務型企業把顧客稱爲客戶，產品型企業則稱之爲顧客。你費盡了九牛二虎之力才把史氏公司從服務型企業改造成產品型企業，並擁有可擴充與可重複的標準流程。使用像客戶這樣的字眼等於是在暗示潛在買主，你還是把自己當成一家服務型企業。」

「只是用字而已。潛在買主肯定不以爲意的。」亞力說。

「在這個階段，印象十分重要。收購公司會想辦法把你分門別類。產品型企業歸爲一類，收購這類公司有一定的流程。服務型企業在他們心裡又是另外一類，你可不希望被擺到那裡去。」

「爲什麼？」

「因爲被歸類成服務型企業，他們收購公司的公式就是採用三到五年的獎勵分配款，而且頭期款只有一點點。假如你被擺在這一類，那你所得到的出價有大部分的錢就無法落袋爲安，而是跟獎勵分配款綁在一起。所有的風險都由你來承擔，絕大部分的好處則會被他們給拿走。你最終還是得答應把一部分的錢以獎勵分配款來支付，但我們的目標是頭期款拿越多越好。也就是說，你要想盡辦法讓對方瞭解，史氏公司並不是純粹的服務型企業。」

泰德的第十六招

假如你想成為有責相、產品導向的事業，那就要把話說對。用字要改變，像是把「客戶」改成「顧客」，把「公司」改成「企業」。企業網站上或是顧客面對面溝通時，要是有任何訊息透露出你過去是一般的服務型企業，那就要把它拿掉。

「所以我得要開始把客戶稱爲顧客了。」

「對。並且去想一想，你還用了哪些字眼是典型服務性企業的用語。我會停止把史氏公司稱爲『公司』，而開始稱它爲『企業』。『承諾』這兩個字則要改成『合約』。你要想盡辦法讓買主明白，你們是一家不折不扣的企業，而不只是一群天馬行空、難以捉摸的專業服務供應商。」

第十一章 知會管理階層

亞力跟佩姬開完會回來時，早就過了下午五點，而史氏公司依舊是一片忙碌的景象。亞力在跟部屬寒暄時，覺得自己彷彿是一個跟情婦偷情後回家的丈夫。

「嗨，安潔，你的情況怎麼樣？」

「大夥兒表現不錯。我們談成了兩件案子，今天下午也敲定了九場新的拜訪行程。大家待得晚是因爲我答應，假如他們能在一個下午敲定二十場拜會，我就請他們喝一杯。」

對於安潔這麼善於激勵部屬，亞力報以微笑後，便漫步往蕊娜的辦公室走過去，以爲她已經下班了。蕊娜還在辦公室跟一位客戶總監開會，討論天然食品巧克力牛奶的案子。

蕊娜看到亞力走近，便揮手要他進去。

「我們今天發現說，假如天然食品是一位知名的好萊塢明星，那就是莎拉潔西卡・派克。」蕊娜笑說。

「我朋友莉奇好嗎？」亞力問道。

「她很好，並且要我跟你問好。」

亞力繼續巡視，看到克里坐在桌前校對一個快要進入流程第五階段的商標。看到克里坐在桌前，亞力比較不感到意外，因爲過去四天來，他都工作到很晚。

「今天晚上可別睡在這裡啊。」亞力開玩笑地說。

「不會啦。我們就快下班了。」克里一派輕鬆地說。

走回自己的辦公室時，亞力深感內疚。早就過了五點，他的部屬還忙個不停，而他卻整天在盤算著要把公司賣掉。亞力知道，要是把史氏公司賣掉，他是唯一能在金錢上獲得好處的人，而這點怎麼樣就是感覺不對勁。

四月的第一週冷得出奇，亞力把手塞進雨衣口袋裡，從停車處小跑步到耶梅創投公司。亞力要去佩姬的辦公室跟她見面，討論預告文件的寄發。

一開始她便報告了截至目前為止的進度：二十三家精選出來的公司全都聯絡了。有七家拒絕，表示正談在其他的案子；有四家公司索取了大書，並同意簽署保密協議。佩姬正在等待其餘十二家公司的回音。

「進展很快。」亞力說。

「是，我們很滿意預告文件到目前為止所得到的迴響。時間還早，可是到目前為止還不錯。」

「等大書寄出去以後，下一個動作是什麼？」

「我們要安排管理階層向有興趣的公司提報。」

「我得親自會見這些人？」

「對。」

佩姬靜靜地坐著，心想有個敏感問題現在提出來不知道恰不恰當。她和亞力的互動到目前為止都很好，所以她決定講下去。

「亞力，到了管理階層提報的階段，我們必須把你的管理團隊給找來。對潛在買家來說，看到你下面的管理階層是很重要的。因為等你交棒後，公司就是由他們來負責了。」

「假如我跟他們說我考慮要賣掉公司，我不曉得他們會作何反應。我的意思是，他們幫忙我打造了這個事業，我的成功就是奠定在他們全心付出的基礎上。如果我跟他們說我要把它賣掉，很難說他們會有什麼反應。」

「你遲早都得告訴他們。所以我建議不如趁早講。就算我能說服有意的買家，管理階層提報時只由你單獨出面，到最後他們還是會想見見你的團隊。再者，儘管有簽保密協議，但隨著愈多人拿到大書，你的團隊成員就愈有可能發現這件事。我相信你寧可自己直接跟他們講，也好過他們從別的管道得知。」

亞力離開佩姬的辦公室時，思索著要怎麼告訴安潔、蕊娜和克里，那個讓他們這麼賣命又推心置腹的人，就要把一切賣給出價最高的買家了。

亞力抵達時，泰德正在桌子前沉思。亞力報告了當週的銷售數字，並向泰德說明了他和佩姬的最新進展。

由於察覺亞力似乎有心事，泰德便問道：「亞力，你今天似乎有點魂不守舍的。你在想什麼？」

「佩姬認爲，有三、四家公司會有興趣對我們出價，而且流程的下一個階段就要由管理階層來提報。」

「那眞是個好消息。」

「我想也是，可是佩姬認爲，每個投標者都需要跟安潔、蕊娜和克里見面，所以我必須跟他們說我考慮把公司賣掉。」

「要開這個口並不容易。你最擔心的是什麼？」

「我覺得內疚。我想他們會瞪著我，埋怨我拿了錢就要走人。」

「亞力，我明白你的感受。我在賣掉第一家事業時，也有同樣的感覺。」

「那你的員工作何反應？」

「起初他們有點驚訝，但等他們有時間消化這件事情後，就開始認同這個想法了。」

「他們當眞喜歡這個想法？」

「是。在小公司上班會有它的好處，但更上一層樓的機會也有限。每次你走進辦公室時，他們就看到了升遷階梯上最上層的在位者。他們心裡知道只要你擁有這家公司，自己就只能爬到這麼高的位子了。」

「我明白他們或許會著眼於職涯上的機會，可是兩家公司要整合是條艱辛的路，而且總是免不了要裁員……」

「整併兩家公司會是個辛苦的過程。不過，當大公司併購小公司時，有很多機會也會冒出來。有企圖心的人會想在更大的畫布上揮灑。大公司會有大筆的預算和大型的案子，在經營上的專業度也會讓你最優秀的員工樂在其中。只要好好幹，等你的公司被收購以後，安潔、蕊娜和克里就能從職場異動中獲得好處。」

「他們或許會看到機會，可是他們不會嫉妒我拿著支票走人，卻留了個新老闆給他們嗎？」

「亞力，你辛辛苦苦才把史氏公司建立起來。你承擔了所有的風險，而且不管怎麼說，資本主義所獎勵的就是冒險。每隔幾天就大老遠跑去蒙亞銀行乞求工作的人是你。每次一接到瑪莉．丹的電話就睡不著覺的人是你。萬一你經營不善而還不出錢來，銀行會查封的也是你家。」

「不過我還是希望想個辦法，好讓他們在公司被收購後，能獲得金錢上的好處。」

「這樣想是沒錯，但別忘了，假如你被策略性買主收購了，他們每個人本身都會受益，因爲收購者會具備策略型資產，像是其他城市的辦公室和投資資金。如此一來，安潔、蕊娜和克里更容易達成個人的業績目標，並相對拿到更高的獎金。而隨著獎金提高，他們的長期獎勵計畫給付水準也會提高。」

「也許我也應該加進一些股票選擇權，好讓這筆交易對我的團隊更有利。他們跟了我好一陣子了。」

「你的立意良善，但卻用錯了方向。股票選擇權會使賣掉公司的過程更加複雜。你必須擬出一份股東協議書，而且小股東也有權利。不管在道德上，還是在某種法律程度上，你在評估買家出價時，都必須跟安潔、蕊娜和克里商量。把事業賣掉就夠累人了，你不需要多三種意見來攪局。我的建議是，讓事情單純化，等公司順利賣掉了，再發給管理團隊一筆現金紅利，感謝他們在管理階層會談中對你的幫助，以及他們對這家事業的付出。如此一來，你既給了他們現金誘因去參加管理階層簡報，也分享了你的報酬。但我不會感情用事。他們已經從更上一層樓的機會中得到了好處，達成個人獎金目標的機率也提高了，甚至還有連帶的長期獎勵計畫。」

離開泰德的辦公室時，對於知會管理團隊的可能後果，亞力覺得比較能釋懷了。

泰德的第十七招

不要為了在收購後能留下重要員工，而釋出員工認股權。反之，應該採用簡單的留任獎金制度，等公司賣掉後，再以現金獎賞管理團隊。把獎賞分兩期以上支付，而且只付給留下來的人，以確保重要人員留任到過渡時期之後。

與安潔、蕊娜和克里的會面是訂在四月的最後一個星期五。亞力不是那種會在一大早開會的人，所以他的領導團隊已經在私下討論開會的可能原因。

他跟大夥兒打了聲招呼，很意外自己覺得那麼緊張。亞力經常在更多聽眾面前作重要的提報，而且面對的盡是他不認識的人，現在對象只有三個人，他都認識，而且共事了不只一年，但他卻緊張得不得了。

「謝謝各位一早就來開這個會。早點開會，是不想受到其他同事的打擾。過去這幾個月來，爲了替公司的成長規劃下一個階段，我有很多時間都不在辦公室。我想各位證明了，我們的商標創作模式是可以拓展的。我們在本地經營得不錯，要是我們開始擴充地盤，我想我們規模可以做得更大。」

大夥兒都正襟危坐，既自豪能在一家成長中的成功企業服務，也很興奮有機會設立新據點並擴大業務。

「我漸漸體認到，公司如果要邁向另一個高峰，就需要找一個夥伴。一家口袋深、觸角廣的企業。」

亞力說完後停了幾秒，讓大家能思考一下。

安潔率先發言，「所以你要把這家公司給賣掉？」

「對，我是有這個念頭。」

亞力接著從這對安潔、蕊娜和克里會有什麼影響的角度，來剖析公司出售的事。他解釋說，只要找對收購者，他們每個人都會有更上一層樓的機會，而且應該會更容易達成個人的生涯目標。他還保證，假如公司賣掉了，他們每個人都會拿到一萬美元的獎金，以示感謝。

大夥兒沉默了片刻。

「亞力，我想這對你來說是重大的一步。對於你打算要賣公司，我想我們都心知肚明好一陣子了。」克里說。

「真的嗎？」

「那還用說。」蕊娜說道。「你是個創業家。你喜歡開創跟變化。但我們現在已過了那個階段，所以坦白說，我們也不再那麼需要你了。我跟克里一樣，十分爲你高興，也會盡我所能地幫忙。」

「對於我的企圖心，我想在座的每個人都看在眼裡。」安潔說，「我很想建立一支更大的團隊，有更大的發揮空間。我很贊同克里和蕊娜，我替你感到高興，我想你的決定很明智。」

這可讓亞力大吃了一驚。

他不敢相信自己之前怎麼會害怕知會他的管理團隊。令他感到窩心的是，他們每個人都是這麼正面地看待這件事。那天晚上開車回家時，他有種如釋重負的感覺。

第十二章 問題

巴比倫已連續三年被評選爲本市最高檔的餐廳之一。在今晚之前，亞力都不曾來過。他被帶進了一間小包廂，東道主正在等他。佩姬．莫坐在大圓桌前，旁邊有兩位身形肥胖的男士。亞力估計他們四十好幾了，只不過長年操勞的生活可能讓他估高了年紀。他跟佩姬打了聲招呼，她則向他介紹了阿利．麥和西蒙．波。

阿利是騰統印刷的總裁，母公司是位於英國的騰統全球集團，市值十億美元，從廣播電台到商展什麼都做。騰統印刷是該集團旗下最大的子公司，也是美國第二大平版印刷業者，而且阿利知道，只要讓公司奪下第一，他就拿到了回倫敦的門票。西蒙則是阿利的業務發展經理。

佩姬認識阿利有十年了，這些年來也賣過幾家小型的印刷公司給他。她跟他提到史氏公司有意出脫，並建議在騰統的美國總部聽取管理階層提報，但阿利建議以共進晚餐來展開第一步。

「幸會。」阿利以濃濃的英國腔對亞力說道。

「很高興見到您。」亞力回答說，一一跟阿利和西蒙握手。

「你跟莫小姐合作，是找到了眞正的專家。」阿利一面說，一面比向佩姬。「你們兩位是怎麼認識的？」

「佩姬是我一個朋友介紹的。」

大夥繼續閒話家常。服務生過來爲大家送上菜單，並爲阿利送上他所期盼的雞尾酒。阿利先點了蘇格蘭威士忌，西蒙點的是灰雁伏特加摻通寧，佩姬和亞力則替大家點了氣泡水。

飲料送來了，大夥兒也點了菜。趁服務生不在包廂的空檔，亞力向騰統提出了一連串他所準備的問題。他想要了解騰統對美國市場的企圖，以及他們對於進一步多角化經營的打算。

阿利則對酒單比較感興趣，因此便要西蒙代表騰統回答亞力的問題。侍酒師注意到阿利在研究酒單，於是過來招呼。

「因爲今天晚上在座有三位點了菲力牛排。我會建議二〇〇一年的白廳葡萄園

（White Hall Lane）的卡本內，納帕谷 (Napa) 那年收成很好。」

「那聽起來不錯。」阿利說。

亞力則是很好奇，點了那瓶酒會讓騰統全球的股東花掉多少錢。

「跟我談一下史氏公司吧。」西蒙說。

亞力接下來便介紹了五步驟商標設計服務和他的銷售團隊，西蒙和阿利則一面聽著。佩姬多半保持靜默，讓亞力好好答覆問題。牛排送了上來，騰統的股東又多被拗了一瓶白廳葡萄園的卡本內。阿利專心吃著牛排，並心滿意足地讓西蒙和亞力繼續談下去。

餐盤收走後，大夥兒點了咖啡。服務生離開包廂時，阿利稍微挪了一下椅子，正對著亞力。他們的目光交會，阿利問了當晚唯一正經的問題。

「這樣吧，亞力，跟我談談你爲什麼想賣掉公司？」

這個問題簡單明瞭，亞力很後悔自己沒有把答案預先想好。他早料到對方會問到他的銷售流程、現金流量和毛利率，但這個簡單的問題卻讓他難以招架。他的心跳加快，而且他能感覺到自己漲紅了臉。他很後悔自己喝了第二杯酒。爲了拖點時間，他把餐巾紙拿到嘴邊，假裝要擦掉某塊用餐時留下的討厭菜渣。到最後，他還是實話實說了。

「從我創立史氏公司以來，將近有十年了。我們經營得不錯，可是我打算多花點時間陪孩子，並跟我太太到處走走。」

阿利似乎很滿意這個答覆，並把話題轉到了運動方面。亞力則靠回椅背上，喝掉了杯子裡的最後一口酒。

四個人在巴比倫餐廳外面的人行道上互相道別。阿利和西蒙恭賀亞力事業成功，並保證下星期就會回覆佩姬。

以五月的天氣來說，這個晚上異常地暖和，於是他們便慢慢走著。亞力送佩姬走回到她停在幾條街外的車子旁。

「事情似乎進行得很順利。你覺得呢？」亞力問道。

「我認爲他們會放手。」

「什麼意思？他們剛才說下星期就會再聯絡了。」

「他們並不感興趣。」

「你怎麼知道?」

「聽我說，我做這行這麼久了，很清楚吃這頓飯只是在作作樣子。最關鍵的一個問題就是，阿利問你爲什麼要把事業給賣掉。他一聽完你的回答，對他來說，這場會面就結束了。」

亞力把自己的回答在腦海中重播了一遍。

「佩姬，我是實話實說啊。難道你要我撒謊嗎?」

「不是，我沒有要你撒謊，可是這個問題有對的答法跟錯的答法。買家想聽到的是，你著眼的是事業的未來，而且你想靠他們幫忙來邁向另一個高峰。他們想聽到的是，成交後你本人還會留下來。」

「可是佩姬，我以爲我說得很清楚，我不希望交易中設有三到五年的獎勵分配款。我願意留下來一陣子，可是我還想做別的事。」

「我明白，可是它就是有對的講法跟錯的講法。」

「那你有什麼建議?」

「跟他們說，你對於公司所達到的成長感到自豪，而人生到了這個階段，你想要讓公司身價能更具流動性，並有機會參與這家事業更高潛力的成長。」

「可是那根本不是眞的啊。我是想賣掉我的公司。」

「這點我明白，可是我的職責是要讓你盡可能拿到最高價和最高比例的頭期款。如果要做到這點，就要讓買家有動機，所以要讓他們知道你是眞的很想借重他們的資源，邁向另一個高峰。」

佩姬接著說：「亞力，買家明白創業家會想把一些錢放進口袋裡，可是沒有人會想買一艘船長就快要棄守的沉船。你要讓他們覺得，你著眼的是事業的未來，而且很興奮能利用他們的資產。你要讓他們覺得，你願意留任一段時間，協助兩家企業創造出綜效。」

「你建議要留多久？」

「我們不必現在就把期限訂出來，可是你眞的要讓買家感覺到，你願意在過渡期間留下來。現階段最好是保持模糊。等你被收購以後，你就成了收購者的員工，他們就要自己想辦法拉攏你，就跟對待任何一位員工一樣。如果要我幫你拿到最好的條件，以及最多的頭期款，那就必須讓他們知道我剛才提到的那些事才行。」

亞力失望地開車回家了。他搞砸了騰統這個好機會，而且很丟臉。他表現得像個小聯盟的菜鳥，騰統的人則像是在大聯盟打球的職業選手。

可斯．奈撥了一下眼鏡，並用手指把眼前的瀏海給撥開。亞力覺得可斯看起來有點邋遢，不太像是印刷科技集團的頭號業務發展經理。

「亞力，可以麻煩你解釋一下你們的銷售週期嗎？」

亞力、佩姬和可斯在耶梅創投公司的會議室裡窩了兩個多小時。印刷科技集團是美國第三大彩色印刷機供應商，回覆了佩姬的預告文件。印刷科技集團跟騰統一樣，認為史氏公司能為他們帶來穩定的新客源，而且新客戶全都會想用印刷科技集團的全彩印刷機來印製新商標。

可斯拿到了大書，並留下相當好的印象，於是請史氏公司的管理階層來提報。可斯鍥而不捨地提出一連串的問題。來到第四個小時，佩姬提議休息一下。這是個美麗的七月天，所以佩姬帶他們來到了辦公室對街一家有露台的法國餐廳。在可斯沒完沒了的提問後，午餐剛好可以放鬆一下。他們一面用餐，一面輕鬆地談笑。

佩姬離座去洗手間，留下可斯和亞力獨處。可斯把話題帶到生意和他這趟會談的目的上。

「亞力，看來你打造了一家很棒的公司，而且有不錯的成長。好奇問一句，你爲什麼想賣掉？」

這次亞力可是有備而來。

「我們證明了這套模式在一個城市裡行得通。來到人生的這個階段，我個人想讓公司身價能更具流動性，所以想找個夥伴幫忙我們把這套模式複製到其他城市去，好讓我能分享未來的一些成長。」

亞力很得意把話說出了口，而且既沒有結巴，也不會聽起來太做作。他唯一遺憾的是，佩姬錯過了他的表現。

哈利準時來到了史氏公司。他穿了一件藍色的高爾夫球衫，並把它塞進一條有皺褶的斜紋褲裡。他拚命把皮帶拉得老高，使他的腰圍看起來正好在胸腔底下。他來史氏公司是爲了年中審查。

「你們表現得相當好，亞力。你們今年前六個月的營收就超過了兩百四十萬美元。

你們已經賺進了四十五萬美元的盈餘，而且今年才過了六個月。照這種速度下去，你們今年的稅前純益可能會超過一百萬美元。跟過去幾年比起來，這眞是了不起的成就。」

亞力笑了，並知道自己可望達到他告訴佩姬的年終財測。

向印刷科技集團的可斯做完管理階層提報已過了兩星期，佩姬開始擔心了起來。可斯毫無音訊，這讓佩姬覺得苗頭不對，因爲這場會面怎麼看都進行得很順利。爲了不枯等印刷科技集團，佩姬研擬了備用計畫，並要亞力到耶梅創投公司跟她會合。

「亞力，我知道我們一路以來都在幫你尋找像印刷科技集團這樣的策略性買主，可是我上星期跟跳板私募創投公司的一位熟人吃午餐，很有意思喔，我跟他談到了你的公司，他也想進一步了解。」

「聽起來挺吸引人的……」

「我們跟跳板公司往來很密切，所以我知道他們是怎麼做生意的。他們喜歡投資像史氏公司這種成長中的企業。」

「你說的是一家私募基金公司嗎？」

「是。假如他們喜歡你的公司，他們就會把你的公司買下一半，讓你可以把一些錢放進口袋。接著他們會投入更多的資金，協助你邁向另一個高峰，以你的例子來說大概是一百萬美元左右。」

「他們會採用哪種估價方式？」

「跳板去年在購買一家行銷顧問服務公司時，對該公司的估價是稅前純益的三到四倍。」

「在我聽起來低了一點。而且他們只會把我的事業買下一半，還要我多留五年？」亞力語帶懷疑地說道。

「對，他們不負責經營。他們是財務性買主，會爲你的營運提供更多的資金，並期待可觀的投資報酬。」

亞力不需要多想就回話了。

「佩姬，我很意外你連這種可能性都納入考慮。你知道我們是一家正現金流的公司。假如我們想要對事業再做任何投資，現在就有充裕的現金可以這麼做。這種估價偏低，而且我也壓根兒不會接受留任五年的想法。」

「瞭解。我的職責就是讓你知道所有的選擇。沒別的意思。」

「我明白。印刷科技集團有下文了嗎？」

「還沒有。」

第十三章 有賣相的公司

亞力的手機顯示有人來電。時間是晚上七點，八月的太陽還相當溫暖，所以亞力打開了車頂。他一面接電話，一面把車頂給關上。

「嘿，亞力，我是佩姬。」

「有事嗎？」

「好消息。我想印刷科技集團準備要出價了。」

亞力的腎上腺素一下子飆升了起來，他只好把車停進加油站。

「這眞是個好消息，佩姬。你曉不曉得他們的想法是怎樣？」

「不曉得。可斯很專業，不會在電話裡露出口風。他又要了一些關於三年期財測的背景資料，我得在明天給他。他跟我說，他預計在星期四下班前，就會把意向書用電子郵件寄給我。我們何不計畫一下，在星期五早上先見個面？」

才早上六點半，亞力已經在床上醒著一個多小時。他起床後，從家裡走到街底的星巴克，點了平常喝的拿鐵。離跟佩姬開會的時間還有一個半小時，他只好想辦法消磨時間。

他開著車在耶梅創投公司的辦公室周圍大繞圈子，到早上七點四十五分才去停車。佩姬在走廊迎接他。他們是那天早上最早到耶梅的人，於是佩姬把辦公室的燈打開。從她的肢體語言中完全看不出出價的內容，雖然她前一天晚上就看過了。

亞力試圖故作輕鬆。

「我昨天晚上收到了印刷科技集團的意向書。」

「那……」

亞力再也等不及了。

「我想你會喜歡這個出價。」佩姬一邊說，一邊把意向書交給亞力。

亞力拿出文件開始看，他的目光一下就找到了那個數字。印刷科技集團對亞力的史氏公司出價六百萬美元。他很想在佩姬面前裝出鎮定的樣子，但他能感覺到自己的興奮之情溢於言表。他花了這麼大的心力來改造史氏公司，終於有人肯定了他的用心。亞力在十幾年前把家裡的地下室當作辦公室，創立了這家小公司，如今它的價值有六百萬美元！

佩姬看出亞力需要消化一下出價的數字，於是又保持靜默了一分鐘。

「亞力，他們的出價是六百萬美元的頭期款，另外假如你能達到三年經營計畫中的營收和獲利財測，他們就會以獎勵分配款的形式再付你三百萬美元。這個出價的前提是，印刷科技集團要完成六十天的實質審查（due diligence）。他們要求我們給這段排他期，暫不接受其他方的出價，好讓他們去做點功課。大公司在收購像你這種規模的事業時，這是相當標準的做法。假如我們要接受意向書，那我們就要在九月十五日以前簽回。」

亞力一離開佩姬的辦公室，便打電話向太太通知這個好消息。

亞力靜靜地坐著，泰德則把印刷科技集團六頁的意向書全部看了一遍，並且邊看邊在空白處做筆記。他轉身面向亞力。

「恭喜你，亞力。這對你來說是重大的一步。你有什麼感覺？」

「我很興奮。這彷彿是一段漫長的旅程，而且我們就快完成了。」

「亞力，這是很不錯的出價，可是我們離終點還很遠。這是不具約束力的意向書。他們要求兩個月的排他期，好讓他們做實地審查，所以未來六十天可能會發生很多事。」

亞力滿腦子都是那個數字，並沒有仔細看過整份文件。他有點失望的是，泰德並不像他那麼興奮。

「泰德，這眞的是很不錯的出價，印刷科技集團也相當符合我們的策略目標。你對這個出價有什麼好擔心的？」

「這是不具約束力的意向書，跟有約束力的出價是不一樣的東西。他們隨時都能以任何理由撤銷出價。」

亞力看起來很洩氣，泰德則試著勉勵他。

「不要搞錯我的意思，亞力。這對你來說是個很棒的里程碑，而且印刷科技集團的出價是你今年稅前純益的六倍，我認爲也很公道。我只是不希望你以爲一切都已成定局罷了。」

離開泰德的辦公室時，亞力有點沮喪，並體認到要把公司賣掉還有很長的路要走。

可斯要同事大衛．雷把史氏公司調查得愈徹底愈好。

星期一一大早，大衛就到了亞力的辦公室。他撥了一下玳瑁眼鏡，並把大大的公事包背在肩上，空出一隻手來握手打招呼。亞力則把大衛隔離在他的辦公室裡，以免引起員工的懷疑。

經過一陣輕鬆的談笑後，大衛便開始發問。

「亞力，你宣稱潛在市場上有五萬八千家企業。你能不能解釋這個數字是怎麼算出來的？」

亞力詳細說明了他和泰德在計算目標市場時所提出的各種假設。

大衛並不滿意，「我明白你的算法，亞力，可是我不明白的是，這些公司爲什麼全都需要新的商標。公司做商標不是一次就行了嗎？」

「公司商標是企業會用很久的東西。這就是爲什麼我們大部分的生意，都是爲過去合作過的公司創作新產品或新部門的商標。」

「對，可是公司肯定不會推出每樣新產品都做新的商標。」

「根據我們的經驗，公司對於重大的產品系列都會做新的商標。舉個例子來說，像天然食品屬於有機食品業。當他們決定跨足冰淇淋業時，就找了我們製作天然小點的商標。現在他們說要推出一款寵物食品，所以這個產品系列可能就需要新的商標。」

「我相信天然食品是例外。」大衛懷疑地說道。

「不見得。春谷住宅就喜歡爲他們的每件新開發案做新的商標。過去兩年來，春谷就找我們做了三個商標。」

大衛似乎總算滿意了這樣的市場規模，轉而向亞力探詢雇用銷售人員的流程，以及他對於擴大辦公室面積的計畫。大衛要求查看亞力的租約，以及每位顧客的檔案資料。他仔細看了銀行明細。他要求翻閱五步驟商標設計流程的操作手冊。這個人看資料眞是沒完沒了！

約莫下午五點過後，拷問才結束。亞力需要來杯烈酒才行。

在亞力的生涯中，接下來四十五天算是屬一屬二地難熬。大衛來訪後，對於史氏公司的內部運作似乎更加好奇。每提問一次就拉出一條線，衍生出另一串詢問。亞力很高興能跟泰德見面，特別是因爲能在大衛的連番質問下喘口氣。

「我開始對印刷科技集團失去耐性了。」亞力說。

「我還以爲你喜歡他們業務發展的那個傢伙呢。他叫什麼名字來著，可斯還是什麼？」

「對，可斯．奈還好，可是他派了一頭叫做大衛．雷的鬥犬來負責實質審查程序，而他要資料一直要個沒完。我每寄給他一份文件，他就會再要三份。」

「實質審查很累人。大衛的工作是要確保印刷科技集團不會買到空殼子。他會一直發問，直到可斯要他停手爲止。聽起來你需要對可斯施加一點壓力。」

「你有什麼提議？」亞力問道，並對泰德的建議感到好奇。

「他們已經花了快兩個月來調查你的事業，所以你要讓他們非決定不可。現在應該來故意跟他們嗆聲了。」

「你是提議要我發一頓脾氣之類的嗎？」

「不見得是發脾氣，但每場談判來到某個時間點，你就要讓對方知道，他們逼人太甚了。大衛的工作只是發問，所以你要直接找可斯，跟他說他很可能會失去這筆交易。」

「你怎麼這麼確定可斯會在意失去這筆交易？」

「可斯早就可以要他老闆同意這個出價把你買下來，他們花了將近兩個月來調查你的公司，長達數百個小時已經耗在這個案子上了。可斯的工作是要把交易給談成，假如他花了印刷科技集團那麼多時間，最後交易卻談不成，豈不讓人看笑話。」

雙方在電話上一開始還相敬如賓，可斯大致說了一下他們的進展。

「大衛正在跟我報告他的調查進度，我們也一直很興奮有機會把史氏公司納爲印刷科技集團旗下的公司。」

「謝謝，可斯。我們對於這樣的綜效也很興奮，可是我開始覺得，你們並不是眞的想做成這筆交易。大衛跟我們要文件要個沒完。你們花了將近兩個月來調查我們。假如你們沒辦法根據到目前為止所得到的資料來決定，那我們就只好另求其他出路了。」

「亞力，我很抱歉過程這麼麻煩。假如我們有任何時候讓你覺得，我們對於談成這筆交易不感興趣，那我要表示歉意。我會和大衛商量，看我們是不是還需要什麼，可是我相當有信心，我們就快底定了。」

「能不能把截止日期訂在兩星期內？」

「我想有機會。我跟我的團隊商量一下，再用電子郵件回覆你和佩姬。」

第十四章
終點線

跟印刷科技集團的人見面是訂在十一月十六日星期一，地點是耶梅創投公司的辦公室。可斯同意以十一月三十日作爲截止日期，並希望跟亞力和佩姬親自討論一下實質審查程序的結果。他直接切入主題。

「亞力，我們對於史氏公司一直很感興趣。」

可斯講話的語氣透露出，接下來就會聽到「可是」兩個字，亞力的心也爲之一沉。

「可是實際審查後，我們對於有些地方無法完全放心。」

經過八週的實質審查，以及跟佩姬六個月的合作後，印刷科技集團就要從交易中抽腿了。佩姬看得出來亞力很失望。

佩姬問道：「究竟是什麼事讓你們擔心？」

「估算市場規模所用的方法無法讓我同事大衛完全放心。」

佩姬並沒有出言反駁，反而要可斯打開天窗說亮話。

「所以你到底要說什麼？」

「我們還是非常想談成這筆交易，可是根據實質審查過程所收集到的新資料，我們當初在意向書中出價時所採用的估價模式並不恰當。因此，我們要把出價的頭期款調整爲五百二十萬美元，獎勵分配款的部分則保持不動。」

亞力不敢相信自己的耳朵。他以爲原則上已經講定了。他很了解自己，知道自己需要離場一下，以免說出什麼讓自己後悔的話。

佩姬看得出亞力很鬱悶，於是草草結束了會面，並保證在本週結束前會回覆可斯。

星期一的下午，亞力多半都在辦公室裡走來走去。到了晚上，他也沒睡好。所以一到泰德的辦公室，他就崩潰了。他覺得要向泰德吐吐苦水才能紓壓。

「我不敢相信，他們竟想在理當成交前的兩個星期更改交易條件。我們都講好了。我同意接受的估價條件是六百萬美元的頭期款，他們卻把價碼砍了一成多，只因爲他們的一個小員工不喜歡我的某一份試算表。」

泰德讓他好好發洩了一頓。等看到亞力終於冷靜下來，泰德這才開口。

「亞力，但願我能告訴你我很意外，但我並不意外。」

「你早就知道會發生這種事？」亞力問道，首度將他的不滿對到泰德。

「公司在實際審查程序後調降出價，這是再平常不過的事。他們知道你被逼到了牆角，而且你只有兩種選擇，要不接受降價，要不拉倒。在我所賣掉的四家事業裡，有三家的成交價都低於當初意向書中的出價。」

「我要叫他們去死！」亞力大吼，還是怒氣沖沖的，因爲他認爲印刷科技集團的談判伎倆太卑劣了。

「亞力，假如你選擇拉倒，那是你的權利，我也能理解。但在你這麼做之前，我要你回到辦公室去，找出那個我要你放在安全地點的信封。先把它打開研究一下，再打電話給佩姬。」

回到辦公室後，亞力打開書桌抽屜的鎖，看到了將近一年前所放進去的那個封口的信封。他把信打開，從裡面抽出了一張卡片，上面有他的親筆字跡。亞力看到了自己在一年多前，對於史氏公司所夢寐以求的售價是：五百萬美元。

他把卡片拿在手上，凝視著這個數字。他想起了過去這幾年來，他所付出的一切。他回想起約翰．文，以及他們曾經有多仰賴蒙亞銀行。他想起利揚．藍、湯尼．馬，以及團隊中其他資質平庸的人。他勉強用了他們，做出了二流的廣告文宣。他想起克里和他的團隊變得有多善於創作商標。他想起晚上打電話給瑪莉．丹，以及他當初爲什麼想把公司賣掉，又是怎麼著手計算出夢寐以求的金額。

在這四十八小時當中，他第一次笑了。他撥了電話給佩姬向她回報。

「我準備接受這個比較低的出價，只要印刷科技集團能在十一月三十日成交。萬一他們有所遲疑或拖延，我就退出。」

「我想你的決定很明智，亞力。我會打電話給可斯。」

「務必要在三十日以前完成就對了。」

十一月三十日在印刷科技集團的律師事務所度過了一個早上。各項文件都必須由亞力來簽字。在完成手續並接受客套的祝賀後，亞力就告辭了。他坐進他的荒原路華，漫無目的地開著車。車子以巡航的速度前進，只見樹木飛馳而過。突然他發現手機在震動，他收到了一封電子郵件，是蒙亞銀行的瑪莉．丹所傳來的訊息。

亞力：

我們剛才收到印刷科技集團匯了相當大的一筆款項到你的私人帳戶。等**你有空時，麻煩跟我聯絡一下，我想給你一些投資這筆款項的建議。**

亞力笑了，並繼續開他的車。

實務指南

如何打造出沒有你也能蓬勃發展的事業八步驟

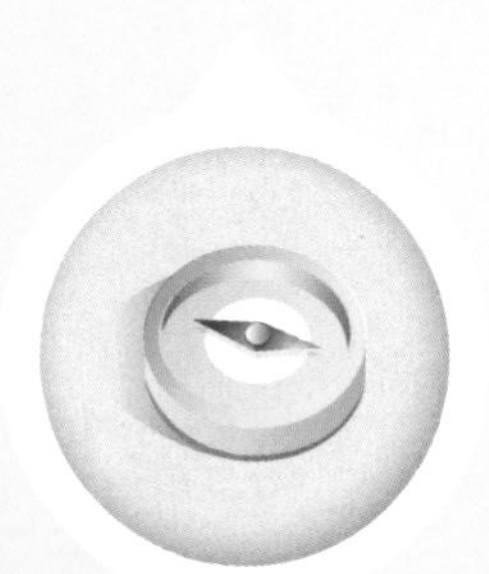

有很多公司老闆就跟亞力·史一樣，發現自己陷在沒有賣相的事業之中。客戶要求要跟企業主打交道，老闆只得親自出馬服務客戶，這一來又更加深客戶對企業主的依賴，如此不斷地惡性循環下去。仰賴企業主的事業賣相差，於是公司老闆便這麼深陷在事業之中。

以下八個步驟提供的準則，能打造出少了你也能蓬勃發展的公司。這套流程運用在我自己的企業上時，我將親身獲得到的觀察與經驗，也融入其中。

在展開這套流程前，你要先找個好的會計師，他應該要有協助企業主規劃接班的經驗。根據你所在的課稅轄區，會計師就可以採取稅務規劃策略，讓你在賣掉事業後，所要繳的稅可以降到最低。不要等到有人出價了，才急忙去找會計師。時機很重要。

第一步：篩選出具有擴充潛力的產品或服務

要建立少了你也能蓬勃發展的公司，第一步得先找出具有擴充潛力的服務或產品。所謂可擴充必須符合三個標準：一、「可傳授」給員工（就像是史氏公司的五步驟商標設計流程），或是要透過技術來完成的。二、對顧客「有價值」，這樣才能避免和別人的產

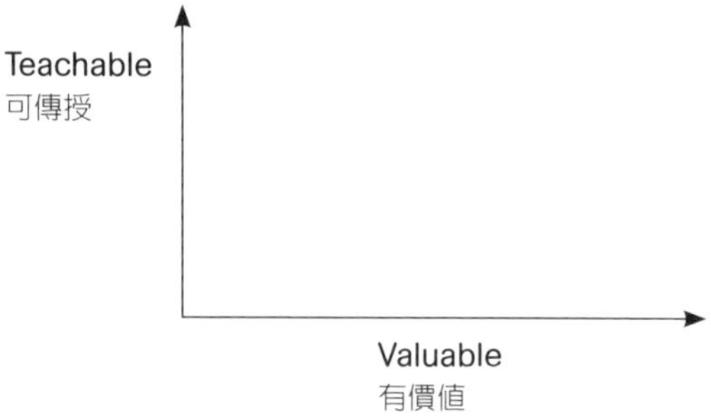

品或服務雷同。三、「可重複」，意即顧客必須一再回頭來買的（例如刮鬍刀片，而不是刮鬍刀）。

把你目前所提供的產品和服務仔細想一遍，並把它標示在簡單的圖表上，一軸是「可傳授」，另一軸是「有價值」。

先把你所賣的每樣東西都標示在圖表上，再刪除顧客只需購買一次的服務或產品。

你多半會發現，最可以傳授的服務或產品就是顧客最不重視的那些。或者你會發現說，顧客最重視的產品或服務就是最不能傳授的那些。這很正常。盡量把一種或數種服務或是產品結合起來，打造出理想的產品或服務。

舉個假設的例子，我們來看看亞力·史在決定專門製作商標前，是怎麼把他的服務標示出來。各位還記得，他叫利揚去做蒙亞銀行的分行海報。由於製作分行

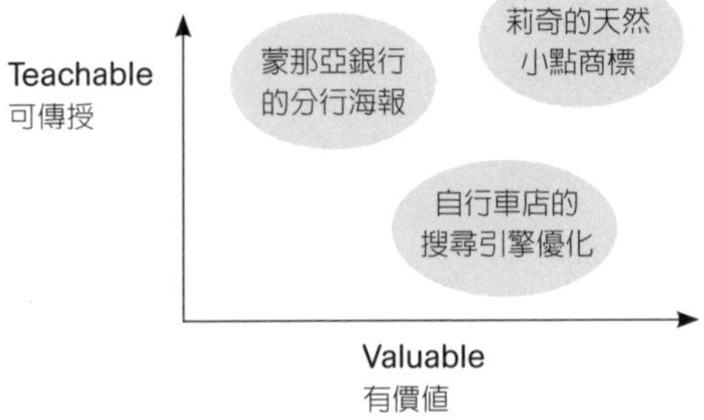

海報是很多廣告公司都會做的簡單工作，因此亞力會把分行海報標示在圖表的左上角：可傳授度高，因爲他可以叫最資淺的美編來做；但對顧客的價值低，因爲有很多其他的廣告公司都會做分行海報。

各位或許也記得，克里．查拿不出辦法讓當地的自行車店在 Google 的自然搜尋排行榜中名列第一。克里是通才美編，沒有任何搜尋引擎優化方面的專門知識。事實上，搜尋引擎優化是市場上十分看重的技能，必須對主題有深入的了解和長年的經驗才做得好。成功的搜尋引擎優化非常有價值，但也非常難傳授，所以亞力才把自行車店的搜尋引擎優化案標示在圖表的右下角。

在另一個層次上，創作商標是亞力可以傳授給部屬去執行的事，而且由於他們想出了一套別無分號的獨門方法來做出客戶喜歡的商標，因此亞力把莉奇的天然小點商標標示在圖表的右上角。

在可擴充產品或服務的三個標準中——包括可傳授、有價值及可重複，我發現在提升公司價值方面，最重要的唯一因素就是確保營收的常續性，也就是顧客或多或少必須定期重複購買。

雖然經常性營收對於公司價值全都有正面的作用，但有些形式會比較好。根據我與買家談後的心得，從價值最低到最高，常續性的營收可分為以下六種：

第六名：消耗品（牙膏）

消耗品是顧客會定期購買且用完即丟的物品，但他們對品牌忠誠並沒有強烈的動機。

每天早上我起床後，刷牙都會用佳潔士亮白牙膏（Crest Whitening Gel）。用「亮白牙膏」只是安慰自己，這點我很清楚，但它就是吸引我，因為我喝了不少黑咖啡和紅酒。每隔一陣子，我就會換個口味去試試保證「超強效美白」的高露潔（Colgate）產品，但我也總是會回頭使用佳潔士。假如你賣的是消耗品，那就要開始追蹤現有顧客的回購率。收購者會用這個數字來計算你未來的預期銷量，來估算他們眼下願意出多少錢買下你的公司。

第五名：沉沒費用的消耗品（刮鬍刀片）

比牙膏之類的基本消耗品更有價值的是「沉沒費用」(sunk money)的消耗品。以這種物品來說，顧客得先投資使用平台。

在我開始使用吉列感應(Gillette Sensor)的刮鬍刀片時，首先必須買支刀柄。現在我每個月都要買一組新的五片裝刀片，而且不能貿然改用舒適牌(Schick)，因為這樣一來，我就得買一支它的刀柄。打從我長出鬍鬚以來，我用的就是吉列牌，我投資了這個平台，所以我不願意換成其他廠牌。

這個道理也適用於辦公室。我在選購印表機時，買的是全錄(Xerox)。即使我八成會有好一陣子不需要再買印表機，我還是必須買全錄昂貴的墨水匣。

假如你能證明有一群忠實顧客投資了你的平台，那你賣公司就可望拿到比較好的價碼。

第四名：續約的訂閱（雜誌）

比擁有回購的忠實顧客還要更好的是，擁有未來的營收保證。例如我是《戶外》(*Outside*) 雜誌的忠實訂戶，每年我收到續訂函後，就會寄支票去付接下來十二期的錢。《戶外》在收到支票的那個月，既拿到了我十二分之一的訂閱費，也拿到了接下來十一個月的錢。

雜誌還算便宜，反觀弗蘇 (Frost & Sullivan) 市場調查公司或國際數據資訊 (IDC) 之類的分析機構，它們賣給客戶的研究報告貴多了，有的可以要價數十萬美元之譜，跟提供單次個案諮詢的競爭對手比起來，這類公司更有價值。

第三名：沉沒費用的續約訂閱（彭博終端機 [Bloomberg Terminal]）

當顧客需要先投資才能跟你做生意時，他們就會變得非常死忠。假如顧客買的是訂閱模式，你的公司在業界的價值就是屬一屬二的了。

交易員和基金經理人都十分仰賴彭博終端機。彭博的顧客必須先購買或租用終端機，再訂閱彭博社的財經資訊。靠著一群忠於獨家平台的死忠顧客，麥可．彭博 (Michael Bloomberg) 打造出有價值的公司。

第二名：自動續約的訂閱（文件儲存）

當把你文件存放在鐵山公司（Iron Mountain）後，每個月都得繳費，直到你要求把文件銷毀或是同意把它移除為止。訂閱雜誌一定是想好了才決定續訂，但鐵山是直接跟你收錢，直到你叫它停手為止。

鐵山追蹤它的取消率是到小數點以下，而且它能準確預測未來的營收。所以它才會是一家這麼有價值的公司。

第一名：合約（手機）

唯一比自動續約的訂閱還要更有價值的東西，就是明訂期限的制式合約。

大家都不喜歡被綁約，但電信業者卻精於利用此道，創造出經常性營收。有很多公司都會提供免費手機給顧客，只要顧客綁上二至三年的加值服務合約。

隨著你的常續性營收一路攀升，你的企業價值也可望連帶走揚。

當你篩選出什麼是可傳授、顧客重視什麼、以及他們最常需要什麼之後，就把製作這種產品或服務的流程給記錄下來。各位還記得，泰德幫忙亞力界定及記錄了五步驟商標設計流程。一如泰德所說，要分別說明每個步驟，好讓每次都能以同樣的方式來重複這個模式。製作這項產品或服務的操作手冊就是以此爲基礎。可能的話，利用實例與塡空範本來幫忙，以確保你的指令明確到能讓別人獨立運作。要某個團隊或團隊成員在沒有你幫忙的情況下來製作服務或產品，以藉此測試指令是否明確。操作手冊需要時間和耐心才做得好，打一堆草稿是免不了的事。

接著爲你的可擴充產品或服務命名。命名就代表它屬於你，並有助於跟潛在競爭對手形成區隔。一旦有了獨一無二的產品或服務，你就跳脫了大眾化市場，產品要怎麼賣，服務要怎麼提供，變成由你決定。假如你的產品或服務在市場上不普遍，顧客就沒辦法比價。反過來說，爲你的東西以及製作的每個步驟命名，做出市場區隔，這樣你就能制訂它的價格與付款條件。

想出一個好名字後，簡短寫出製作的每個步驟的特色、以及所能帶來的好處。把所有與顧客溝通版面（例如網站、宣傳手冊）通通改寫，採用統一的方式闡述該項業務模式。

經驗談

我過去曾經營一家市場研究公司，所提供的服務是「焦點小組」(focus group)。程序不用說各位都知道——客戶在單面鏡的一側喝著啤酒，八個倒楣的「受訪者」則在另一側，針對客戶所要販售的東西提出自己的看法。

焦點小組過去是很好賺的生意。每個小組大概要花兩千五百美元，來租場地和支付受訪者車馬費。我們對每個焦點小組的收費是六千美元，淨賺足足三千五百美元，毛利大約是五八％。我說「過去是很好賺的生意」，是因為當其他公司察覺到焦點小組的高獲利後，競爭就加劇了，價格也因此拉低了。更糟的是，客戶開始發布焦點小組的提案招標書。

第一次看到提案招標書時，我很興奮。客戶是一家大型電信業者，他們要我們這家小公司提案主辦六場焦點小組。三萬六千美元的潛在訂單對我們來說是一筆大生意，所以我絞盡腦汁回答了提案招標書上的所有問題。我把提案寄出去後，就在等消息。後來我接到了電信公司的來電，他們說選了另一家投標業者。我簡直不敢相信。我認為我的提案無可挑剔。

我對買方緊追不捨，經歷幾次失敗的嘗試後，終於找到了主事者，並要求給個解釋。

他告訴我，出線的標案是每個小組三千五百美元。我必須把毛利降到每個小組一千美元或二九%才行！我只有少得可憐的二十九個百分點可以支付所有的營運開銷，像是人事和房租等等。

假如你希望公司賺錢、享受豐厚的獲利、沒有你也能蓬勃發展，那你就要停止回覆提案招標書，並開始打造出獨一無二的產品或服務。提案招標書會把整個行業雷同化到無以復加的程度，使企業要拿到合約的唯一辦法，就是成為最廉價的業者。

對於我的事業，我決定開發焦點小組的替代品，這樣我才能掌控價格。我們把它稱為「顧客諮詢會」。如果有公司希望顧客能給予一貫與坦誠的意見，就可以找我們代為籌備及舉辦年度諮詢會。我們把流程記錄下來；製作無法修改的PDF檔，好讓業務人員用來推銷這項服務；並把價格訂在某個水準，使毛利回到我們的歷史平均值，因為顧客諮詢會在市場上堪稱獨一無二。

第二步：建立正現金流量循環

各位還記得，亞力・史發現泰德所建議的重大策略改革很難做到，有部分原因就是他同時還得煩惱銀行裡有沒有足夠的錢付給員工。

建立了正現金流量循環後，你就會得到財務緩衝與信心，放手推動第三和第四步當中必要的一些困難改革。如果要建立正現金流量循環，你就要先向顧客收取全部或部分的費用，再用它來支付成本——不論是何種產品或服務。例如當你訂雜誌時，你都是先寄支票給雜誌社，然後等幾個星期後，才會收到一年份雜誌的第一期。雜誌社則會用你（以及其他訂戶）整年的訂費來聘請作家、編輯和攝影師，把雜誌做出來。

只要把公司獨特的產品或服務加以適當地記錄與區隔（第一步），你就有可能跟顧客事先收費。因服務或產品的不同，你或許沒辦法預先收到全部款項，但至少試著收取部分的費用再交件。

正現金流量循環還能提高公司的價值。收購者買下你的公司時得開兩張支票，一張不用說是給你這個企業主，第二張則是給公司挹注流動資本之用，也就是公司支付日常開銷所需的經費。假如你的企業需要很多現金，收購者必須拿錢出來當作營運資本，就更不想開高額支票給你。反之亦然：假如你的公司能產生超額現金，收購者不會花錢在營運資本上，通常就會願意出高價。

經驗談

我找了購併公司來幫我把公司賣掉，正在等待回電。開車回家時，我接到了電話。我把車停到路邊，因為這段對話得花點腦筋才行。

「我們收到了兩家的出價，所以想見面討論一下。」我的顧問說。

我的心砰砰地跳，我試圖壓抑住情緒。「見面？」我不安地說道。我迫不及待地想知道，我的公司在收購者眼中值多少錢。「你在開什麼玩笑？他們的出價是多少？」

我的顧問接下來便說了當時我唯一在意的數字：收購者要買我的公司所出的價錢。

直到跟會計師坐下來，並聽他剖析了這兩筆出價，我才領悟到自己有多無知。乍聽之下，兩者當中比較理想的儼然是甲方出價，因為購買價錢比較高。但我的會計師要我把乙方出價再看仔細一點，乙方出價中詳細說明了買方如何計算成交時我必須留給公司的營運資本。

第一眼看到營運資本的那段說明時，我不以為意，認為那是在賣弄學問，無關緊要。老實說，我其實不太懂營運資本是什麼意思。我隱約有個概念，它跟我們必須保留在銀行裡支應開銷的錢有關係，可是我壓根兒沒想到，它會使兩筆出價的相對優點產生這麼大的差別。我的會計師解釋說，按照潛在買主對流動資本所提出的算法，乙方出價允許我在案子成交前，領走我們存在銀行帳戶裡的大部分款項；而由於我們是跟顧客預先收費，所以公司已累積了不少現金。乙方出價在營運資本上的計算結果，使公司價值提高了一五%以上，所以起碼足以跟甲方出價媲美。

假如有人出價要買你的公司，文件中第二重要的數字或許就是營運資本的算法。假如出價中沒有包含計算這個細節，那在答應任何事之前，一定要先把這個數字確定下來。

第三步：僱用銷售團隊

當你創造且包裝好產品或服務，並開始預先收費後，你就要讓自己脫離銷售的行列。假如你叫別人去行銷產品或服務，自己卻還是放不下，那你在出售公司時，就無法擺脫遙遙無期且高風險的獎勵分配款。

經驗談

二○○二年，在麻省理工學院的經理人管理課堂上，我才體認到自己賣錯東西了。

我與其他六十一位創業家在麻省理工學院上了三年的課，學習如何把公司打理得更好。那堂課叫作「巨擘的誕生」，課程的招收資格為：公司起碼達到一百萬美元的年營業額，而且業主年紀不到四十歲。

在課程的最後一年，創業家史帝芬．瓦金斯（Stephen Watkins）到校演講，當時他剛把公司賣掉不久。

瓦金斯一開始就對全場做了調查，要了解我們當中有多少人親自在賣產品或服務給顧客。包括我在內，在場的每位創業家幾乎都舉了手。

接著他開始責備大家花了太多的時間去賣產品，幾乎沒有時間可以拿來賣公司。他說了很多，大意是：「身為創業家，你們的工作是要請業務人員來賣你的產品或服務，好讓你能花時間去賣你的公司。你賣產品賺的是幾百或幾千美元，但假如你運用這些技巧來賣你的公司，你所賺到的錢會多得多。你們擁有對的技巧，但卻賣錯了產品。」

他的話對我有如當頭棒喝。我覺得自己像個業餘選手，看過了職業比賽以後才發現，職業選手是用一套截然不同的規則在比賽。我在這裡拚命地賣服務，但我要銷售的應該是公司才對。

從那天開始，對於自己的角色，我的想法改變了。我開始聘請銷售人員去拜訪顧客。起初我很懷念親自做成一筆大生意時所激起的腎上腺素，但時間一久，我反而更樂於見到別人把東西賣出去。

我還是會出去跑生意，但那是因為我認為這些人有朝一日可能會買下我的公司，而不是我的產品。

各位在建立銷售團隊時，要去找像安潔．薩這樣的人。第一，她熱愛銷售。第二，她喜歡產品。不要去找專業服務型企業出身的銷售人員，因爲他們可能會想針對每位顧客來改造你的產品或服務。盡可能至少請兩個人來負責銷售工作（而不要只有一個人）。一來，銷售工作一般吸引的是愛好競爭的人，所以讓這些員工有一點良性競爭，對你是有利的；二來，收購者會希望看到，你的產品或服務交由哪個業務人員來賣都可以，而不是光仰賴一位明星級的業務員。

經驗談

以我的市場研究公司來說，早期我所用過的銷售人員不知凡幾。儘管我花了不少時間教他們，也祭出了很多成功的誘因，但對於我所交付的配額，不論多小，大部分的人還是達不到要求。相反地，我自己卻能一直賣出服務。我去拜會顧客，設法傾聽他們的需求，回頭找他們時，已經想好要怎麼替他們解決各種難題。對於我賣的東西，他們往往是照單全收。這看似輕鬆，但也令人更加挫折，因為我找不到銷售人員來取代我。

事後來看，我既非明星級的銷售人員，我的團隊也不是泛泛之輩。我只是比他們花了更多時間去學習市場研究的專業。我就跟大部分的老闆一樣，創業初期既要銷售、又要執行，所以我做過各式各樣的研究，也犯過許多錯，培養了我深厚的底子，才知道什麼有用、什麼沒用。我在銷售時，憑藉的就是潛意識中七年的市場研究經驗。

我要求銷售人員對於各式各樣的研究服務都要能侃侃而談，但他們根本不可能什麼都懂。與此同時，我只要看到能帶來營收的東西，便汲汲營營地求取，只要顧客要求，我就改變我們的服務內容。我一切的變通與不按牌理出牌，讓我的銷售人員無所適從；他們就像是員警試圖要拖住一個酒醉的駕駛人。

直到我們把九成的服務停售，專做報告與活動的訂閱（第一步），我才真正讓銷售人員開始做出成績。由於賣的東西變少了，我的銷售人員有辦法掌握好一種市場研究。同樣的，他們並不是突然間就變成精通的研究人員，他們只是得到機會來反覆練習同一套話術而已。

第四步：把其他一切全部停售

理想的銷售團隊成立後，只要不屬於你在第一步當中所界定的標準產品或服務，案子就不要接。別的生意會讓人忍不住想接，因爲它能增加你的營收和現金流量。假如你的服務或產品是預先收費，而且你的銷售人員也有做出成績，那現金流量應該就沒什麼好擔心的。儘管增加營收是把不在服務範圍內的案子給接下來的原因，這種營收一開始也許讓人感覺不錯，但是卻要付出令人不敢恭維的代價——你的團隊會失去焦點；顧客一旦發現你的標準流程不是玩眞的，就會見縫插針，開始要求你爲他們的案子客製化打造；而爲了達到他們的要求，你只好再另外招兵買馬來完成。

我曾有機會跟數百位經歷過這種轉型的企業主談過，大部分的人都告訴我，以往會要求客製化服務的顧客，後來都可以尊重他們在經營模式上的改變。當服務或產品標準化以後，有很多客戶實際上還買得更多。顧客很聰明，他們多半知道，你接下不擅長的工作，根本是不自量力。

在打造沒有你也能蓬勃發展的事業時，停止承接不屬於可擴充產品或服務的案子，是最困難的部分。你會遇到員工考驗你的決心，顧客要求特例，你也會不只一次懷疑否定自己。這都很正常，你必須堅強面對它，並抗拒誘惑。等時候一到，「風向」就會開始轉變。你的顧客、員工、股東等人終究會明白，你是當真要專做一樣東西的。這需要時間。它會出現，而且等到這天來臨，你也感覺到船眞的調頭時，你已經在建立一家有賣相的公司的航行中前進很多了。

經驗談

企業主多半相信，如果要「以客為尊」，那顧客要什麼，他們就得給什麼。可是給顧客太多選擇反而會弄巧成拙，尤其假如你想打造的是一家可以擴充、到最後又能賣掉的公司。我也是吃足了苦頭才學到教訓。

一切是從我看到一篇介紹木星研究公司（Jupiter Research，現隸屬於弗瑞斯特【Forrester】）的出色文章開始。這家顧問公司透過訂閱的方式，為顧客提供研究報告。木星公司做好一篇研究後，就會把它發送給所有的顧客。後來我想到，這樣的模式可以為我的顧問公司帶來一些規模與影響力。

接下來的那個週末，我都在策劃怎麼讓我的顧問公司改採類似的模式。我的決定是，我的公司一年要發表六篇大型的研究報告，每年的訂閱費用則是五萬美元。一般公司光是委製一份報告，所花費的錢就比這更多，何況現在他們總共可以拿到六份報告——依照我的推論，這對顧客來說很划算。而每個訂戶收費五萬美元，只要有一百個訂戶，我們就是一家擁有五百萬美元資金的事業——這對我們來說也很划算。

我把潛在客戶分成A、B、C三組開發對象。A是我們的忠實客戶，B是曾往來過的顧客，C是我們根本不認識的人。有趣的是，這個計畫賣得最好的是B組顧客。他們比C了解我們，但對我們並沒有那麼死忠，所以在他們看來，制式量化的模式倒是重拾雙方關係的第一步。

問題是，我很快就把B組顧客的額度用光了。我勉強拉到了十七個訂戶，一年收費有八十五萬美元。這肯定是一筆可觀的營收，但還沒有豐碩到可以放掉其他的客戶。假如我要把訂閱模式做成功，我就得說服A組的顧客，一起加入B組這十七家訂戶。

不過，A組客戶對訂閱報告根本沒興趣。其中有些人認為，他們把這麼多的顧問工作委託給我們，我們就應該免費提供報告，以此對他們的關照表示感謝。有的人則是不喜歡訂閱模式的制式化本質。每次我去拜會A組的顧客時，我都會仔細聽取他們的意見，也一定會向他們保證，他們可以照舊有模式繼續和我們做生意。結果我錯了。讓A組客戶有所選擇，等於確定他們絕對不會採納訂閱模式。A組顧客會成為A組就是因為，我們對他們的事業有利用價值，所以他們不希望打亂這個合作公式。

於是我一面推行訂閱計畫，但同時仍繼續我們的顧問業務。情況很快開始惡化。客戶的截止期限和要求最後影響到訂閱事業，報告品質受到波及。員工寧可做客製化的諮詢案，也不願意寫公式化的報告。我覺得自己開著一架超載的飛機要起飛——我可以把前輪拉離地面，但卻沒有足夠的力道讓沉重的機身升空。

就在我更急於讓 A 組客戶改變心意時，我又犯下了第二個錯誤，導致無以挽回的後果：我開始同意為 A 組顧客量身打造每份報告，只要他們答應採用新的訂閱模式。我們的人一聽到有訂戶可以拿到特製的報告，所有的業務經理也都希望自己的顧客可以有最完美的報告。我很快就又走上客製化的不歸路。不久後，我們便開始為每家客戶量身打造每份報告，而我原本希望透過訂閱模式來達到的作用也因此大打折扣。

過了沒多久，局面變得一發不可收拾。每年主要發行的報告有六篇，索取特製報告的客戶十七家，我們所面臨的處境是要做出一百零二份的個別報告——我們的二十位員工根本無從招架。到最後，由於不堪客製化的要求，加上難以兼顧兩種不同事業而感到厭倦，我就把訂閱報告業務給收掉了。

在接下來的五年裡，我歸納出自己所犯的兩大錯誤。一、允許 A 組客戶選擇以舊有模式繼續和我們做生意。二、有的人已經改變心意了，但我還是給了他們個別的特製報告。我決定針對這項計畫重新推出一種版本，但強迫顧客必須二選一：不願意訂閱我們的標準刊物，那就結束彼此的生意關係。大致上來說，對顧客下最後通牒真的可以奏效，我們在諮詢方面所失去的營收，很快就靠A組的訂戶彌補過來了。我們更投入推展訂閱模式，A組和B組顧客也紛紛傳出好口碑，於是有更多C組的潛在顧客主動找上了我們。這項事業真的開始起飛了，而且更棒的是它可以擴充。這一切都是因為，我們決定帶領而非跟隨顧客。

把其他的案子割捨掉以後，你專注的新事業起碼要經營兩年，以便向買家證明你的新模式可行。

在這兩年的過程中，要盡快讓新模式發揮出最大的成效。在銷售或交付你的標準產品或服務時，要忍住不要親自上陣。相反地，當有人向你求援時，你要去診斷問題並修正制度，讓問題不會一再發生。

有很多企業主都發現，在這兩年當中，自己的生活品質大有改善。生意變好了，現金流量順利，顧客的麻煩也減少了。事實上，很多業主十分喜歡這個階段，所以就放棄了賣掉公司的計畫，決定永久經營下去。假如你也是這樣，那恭喜你。假如你還是想把公司賣掉，那就繼續踏出下一步吧。

第五步：實施經理人的長期獎勵計畫

假如你想要有一家賣得掉的公司，你就要向買家證明，你的管理團隊有辦法在你離開後把公司撐起來。此外，你還要證明，這支管理團隊在收購後鐵定會留任。

不要用股權來讓重要的管理階層留任到收購完成，因爲它會使賣出的過程節外生枝，並稀釋你的持股。針對每位你想要留住的經理人，每年都拿出跟他們的年終獎金相當的金額，提撥到長期獎勵專戶裡。經過三年後，經理人每年就能領取帳戶結餘的三分之一。如此一來，萬一好的經理人決定離開公司，他就一定得放棄一大筆錢。

你也可以選擇在公司賣出時，以一次性的特別獎金來「挹注」長期獎勵專戶的獎金。如此一來，你的重要經理人就會有更強的誘因來幫忙你賣出公司，更重要的是，在售出後留在公司，以領取自己所能分到的紅利。

長期獎勵計畫的範本可上網站 www.BuiltToSell.com 查閱。

經驗談

我自己成立廣告公司時，請了一位總經理來掌管日常業務的運作，我們姑且稱他為貴寧。長時間下來，貴寧證明了自己是個有能力的經理人。他跟客戶處得很好，對於經營事業上的行政工作也應付自如。

那時我還不知道有長期獎勵計畫這種辦法可以留住重要的人馬，所以我就給了他不錯的薪水，外加每年公司獲利分紅。貴寧受到雙重激勵，努力地衝高我們的稅前純益，因為獲利若是在二十萬美元以下，我就會給他十二%；要是獲利超過二十萬美元以上，所賺的每一塊錢都會分給他二〇%。

身為大股東，我十分高興貴寧帶來的獲利一年比一年多。我們每賺一美元，他就賺到二〇%，但有八〇%是歸我所有。再說，貴寧很能幹，所以我可以不用管一些日常運作，多年來也第一次去度了假。獲利和現金持續滾滾而來，我的壓力也減少了。

後來有一天，我決定把公司賣掉。我並沒有告訴貴寧。

在準備出售公司時，我開始學習到怎麼樣才會讓收購者願意多花點錢來買下我的公司。有人告訴我，買家要的是跟顧客有統一形式的長期合約。我跟貴寧解釋說，我想請所有的客戶簽一份長期合約，而且我認為我們應該主動替他們打個折，以回報他們的支持。打折會損及該年的獲利——進而影響到貴寧的分紅。可想而知的是，貴寧對這個想法興趣缺缺，但我們彼此都很堅持。

日子一久，我們便發現，從架設新網站到獎賞銷售人員，我們在每個決定上幾乎都是對立的。貴寧要的是拉高年度獲利，我要的則是全力提升我們在市場上的價值——這跟獲利仍然有關，但方向卻不見得完全一致。局面愈演愈烈，貴寧開始不讓我插手客戶關係。他向員工說我的壞話，我們成了一家四分五裂的公司，有的人挺我，有的人挺貴寧。當我們的目標一致時，他的表現好得沒話說。可是當我的目標一改變，我們就變得扞格不入、難以相處。憑著韌性、魄力與熱情，貴寧之前成為我的得力悍將，後來這些特質卻讓他變成了我的背後芒刺。

到最後，我和貴寧同意分道揚鑣。我必須把賣掉事業的計畫延後一年，還要跟客戶與員工重建關係。我覺得自己白白浪費了一個機會。

有了和貴寧的經驗後，我開始對重要的經理人採用長期獎勵計畫。靠著這套計畫，我最看重的員工在思考自身的財務報酬時，眼光都能看得比較遠，最後賣掉公司時，他們都很配合，不會跟我唱反調。

第六步：找仲介

下一步流程是要找個代理人。假如你的公司營業額不到兩百萬美元，那商務仲介最爲適合；假如營業額超過兩百萬美元，小而美的購併公司大概會是你的最佳選擇。要找一家對你那行有經驗的公司，因爲他們已經認識了許多可以來買你事業的潛在買家。在找購併公司或商務仲介時，不妨請你所認識的創業家中有賣掉事業的過來人推薦。

你的仲介應該要懂得賞識你爲了事業轉型所做的一切。假如他看不出你跟業界其他服務供應商有什麼不一樣，那就換一家。你的仲介要能看得出來，你所打造的東西很特別，所以理應拿到比較好的價碼。

找到購併公司或仲介後，他就會跟你一起製作「大書」，或是進駐「線上資料室」。那提供的資訊是：關於你的事業和它歷來的績效說明，與未來經營計畫的敘述。

仲介一般收費方式，都會以交易成功費的名義，收取一定百分比的交易金額。

經驗談

當我終於決定把會議籌辦公司賣掉時，便四處去打聽要怎麼進行。我很快就發現，有人是靠仲介公司買賣來賺錢的。更深入去研究後，我才發現大部分的仲介都有專營某個行業。我把仲介名單縮減到四家，全部在紐約，而且專做會議籌辦公司的買賣。

其中三家都有人熱心引見，使我得以當面洽談。第四家並沒有回覆我的電子郵件，我對此感到納悶，但後來才知道這不足為奇。

我花了一整天在曼哈頓跟中間人面談，或者我應該說，是他們在跟我面談。只有公司真的賣掉了，仲介才有錢可賺，所以他們拚命地拷問我，為的就是要確定我的事業有賣相可言。

「談談你的銷售週期。」

「你有多少業務人員？」

「談談你的現金流量。」

「你的顧客有誰？」

「你怎麼知道他們滿不滿意？」

「他們的回購率有多高？」

我當天的最後一場會面最令人難忘。坐在桌子對面的仲介看起來興趣缺缺，他開始搬出一大堆問題來問我。隨著我逐一回答，他的情緒也開始加溫，到後來他的臉上反倒露出了大大的笑容，最後還打斷我的話說：「我剛好認識一家公司可以來買你的事業。」

聽到他這麼說，我的反應是既興奮又懷疑。畢竟，我們才剛見面。我要他說清楚一點，他說有一家他很熟的大公司，想要在北美深耕會議籌辦事業，他認為我們會是絕配。他說，他的收費是成交金額的五％，而且我必須保證獨家讓他們公司做仲介。我答應了他的條件。這位我新覓得的仲介朋友便在曼哈頓一家出名昂貴的餐廳設了晚宴，以會見那家可能成為買方公司的部門主管。

我們的訂位是晚上七點，當我提早幾分鐘走進餐廳時，我發現我的仲介和那位部門主管就坐在吧台前面。兩個人看起來像是老朋友了。我猜他們已經喝了第二杯蘇格蘭威士忌和氣泡水。當下我覺得很奇怪，因為我的仲介理當要代表我才對。他跟他等一下要談判的對象似乎交情匪淺。一個晚上下來，我才恍然大悟，我的仲介和這位部門主管根本就是舊識，曾一起做過許多樁買賣。事實上，我的仲介所賺得的酬金，多半是來自他代表那位晚宴客人去跟人家買下公司，而不是來自他幫別人賣掉公司。

我的顧問只是想把我當成禮物，送給他的朋友。假如成功的話，他馬上就能賺到我付的酬金，又能進一步討好他的主顧。他八成已經把我的公司底牌亮給那人看了，檯面上又沒有任何競爭者來拉抬價格。用完餐離開時，我對於整個買賣過程有了長足的了解，也決定不用他當仲介。隔天我就開始另謀對象，想辦法找個能替我做事的人。

第七步：知會管理團隊

當仲介找到準買家後，就會爲你和你的團隊安排管理階層提報。此時你就得坦白告訴你的重要經理人，你正考慮把公司賣掉。

知會管理團隊可能會讓人卻步。你要從他們的角度來思考，而且要確定假如買賣成交的話，他們也能從中得利。被收購往往代表經理人的職涯有了大好機會，而那或許就夠了。儘管如此，收購這檔事還是會讓他們感到惶惶不安，所以我建議你，發給重要員工一筆單純的成交獎金，在交易底定後提撥到他們的長期獎勵計畫裡（參見第五步）。這麼做的附帶好處是，潛在收購者對於你提供和交易相關的誘因來讓重要員工留任，會給予很高的評價。

經驗談

只要你賣的是人的時間，隨著員工的專長提升，以及他們跟客戶的關係日益深厚，你就會開始受他們箝制。這就好像在你最珍貴的載貨棧板底下裝上輪子，優秀的部屬變得愈擅長自己的工作，就愈有可能往門外跑。也因此，服務型企業一般都只剩下一群高薪員工，收購條件也大多淪為漫長而嚴苛的獎勵分配款。

華倫·巴菲特說，他會在事業的周圍投資又深又寬的「護城河」。寬大的護城河能讓你擊潰競爭者，擁有定價權，也會讓員工比較難棄你而去，甚至另起爐灶來跟你打對台。

假如你賣的全部是時間，那在員工經過完整訓練並能獨立拜會客戶的那一刻起，他們就會變成跳槽份子及潛在威脅。假如你的護城河又深又寬，員工就得投入大量的時間或金錢來培養你所建立的東西，還會體認到你的公司另有可觀之處，並非多花時間就能學到全部本事。

以我的研究公司來說，我們一開始就志在主辦業界非參加不可的商展。當地最重要的商展是由我們所舉辦，所有公司和賣家都想要來參加，所以員工一個人很難複製我們所建立的護城河。事實上，我的確有個員工離職後自立門戶來搶生意，儘管她簽了競業禁止協議，她仍敢宣稱所提供的服務跟我們一樣，但我們有五年的領先優勢，已經穩坐業界第一把交椅。我們不是光賣時間而已，我們的護城河證明了，離職員工一個人要把它重建起來，可沒那麼容易。

想不出有什麼可以作為你的護城河來預防員工跳槽嗎？以下是幾個可以思考的方向：

- 主掌業界的年度排名研究：英特品牌（Interbrand）負責行銷公司品牌鑑價的排名，所以個體戶品牌顧問機構很難跟它競爭。
- 主掌業界的年度獎項競賽：安永（Ernst & Young）所創辦的「年度企業家」獎項競賽，鞏固了它在新銳企業家心中的地位，所以跟因為心生不滿而另起爐灶的前任員工比起來，在報稅季便擁有相當的優勢。
- 主掌產業的活動：位於紐約的投資銀行公司艾倫公司（Allen & Co.）在愛達荷的太陽谷（Allen & Co.）舉辦媒體與科技主管年會。
- 主掌標竿：弗瑞德．雷海克（Fred Reichheld）是貝恩（Bain）公司的創辦人，以及「淨推薦分數」（Net Promoter Score）法的發明人，這套方法是在預測企業所得到的回購與推介。他的公司擁有標竿企業的資料庫。會使用淨推薦分數的公司就是想知道自己跟其他公司的相對地位，所以他們會去找貝恩了解標竿，以及實施忠誠方案的策略。貝恩掌握了進入的門檻，使憤而離職的個別員工要耗費多年與數百萬美元才複製得了。

第八步：把出價轉變為有約束力的交易

當主管階層提報完成後，你（可能）會收到一些出價——載明於不具約束力的意向書當中。意向書並非底定的出價，除非其中包含了解約金（小公司很少會有），否則買方隨時有權中止。事實上，交易經常會在實質審查期間告吹（底下會討論到），所以遇到了也不用覺得意外。

在審閱意向書時要記住，你的顧問會拼命跟你遊說出價的優點，因爲：一、假如案子成交了，他就能拿到錢。二、他想要提醒你他下了多大工夫，以證明顧問費貴得有理。不要被顧問牽著鼻子走。你要研究一下出價，買家可能想先付一筆錢（如股票等方式），另一大筆款項則是跟買賣成交後公司須達到的一至多個績效目標綁在一起，即一般常說的「獎勵分配款」。把獎勵分配款的部分當作外快就好。收購者採用獎勵分配款是爲了盡量降低自己的風險；這表示大部分的風險要由你來承擔，而大部分的報酬則歸買主所有。有些接受獎勵分配款的企業主確實有利可圖，但大部分的企業主把公司賣掉後，共同的心聲是有如經歷一場噩夢，因爲蠻橫的母公司不履行獎勵分配款合約中所保證的條件。只要你能得到心中理想的頭款，把獎勵分配款當作外快，你就可以在對方存心刁難時一走了之。倘使你覺得有必要留下來討回所有應得的代價，那就等著在獎勵分配款期間嘔氣過日子吧。

實質審查時間會載明於意向書中，通常會持續六十到九十天。我認識一位老經驗的創業家，總謔稱它爲創業家的「直腸檢查」。那一點也不好玩，所以最好的策略通常就是把它硬撐過去。實質審查會讓你覺得無所遁形、難以招架。專業的買家會派一組企管碩士之類的人馬到你的辦公室，很快地找出你的生意模式有哪些弱點。那是他們的職責所在。這段期間要你盡量保持冷靜，並盡可能把最好的一面呈現出來，不要撒謊或隱瞞事實。

經驗談

在買下你的公司前需要釐清哪些問題，專業的收購者大多會有一份查核清單。他們會想知道諸如以下問題的詳細答案：

✔ 你的租約什麼時候到期？內容為何？
✔ 你跟顧客及員工是否有彼此同意、簽署完成、日期有效的合約？
✔ 你的創意、產品和流程有沒有專利或商標的保護？
✔ 你使用的是哪種技術，公司軟體是否仍在有效授權期限？
✔ 你的信用貸款有哪些條款規範？
✔ 你的應收帳款為何？你有沒有任何逾繳的付款人或賴帳的顧客？
✔ 你的事業是否需要營業執照，假如是的話，你的書面資料是否齊備？
✔ 你有沒有任何訴訟中的官司？

除了這些客觀問題外，他們還會參考主觀感受。尤其是，他們會設法研判，你個人對公司的成功多麼不可或缺，少了你以後，公司是否還可能成長。買家必須做一些調查工作，才能主觀評估公司對你的依賴有多深。它比較像是一門藝術，而不是科學。潛在買家往往必須要一些做生意的小手段：

手段一：變更行程表。藉由最後一分鐘才臨時要求更改會面時間，收購者大概就能知道，你本身涉入顧客業務的程度。假如你無法配合改時間的要求，收購者也許就會去徹底了解原因，設法找出公司哪個地方對你過份依賴，使你非親上現場不可。

手段二：檢視公司前景是否黯淡。收購者可能會要你解釋公司的願景，你在回答這個問題時應該要胸有成竹。不過，他們可能也會拿同樣的問題去問你的員工和重要經理人。假如你的部屬給了另一套答案，收購者可能就會認定，這家公司的未來只存在你自己的腦海裡。

手段三：請教顧客為什麼要跟你做生意。潛在收購者可能會要求跟你的一些顧客談談。他們有預期你會挑選最熱情、最忠實的顧客，也有預期會聽到好話。不過，顧客可能會被問到像這樣的問題：「你為什麼跟這些人做生意？」收購者是為了弄清楚，顧客究竟是對何者忠實。假如顧客的回答，是誇獎你的產品、服務或整個公司，那是最好。假如他們的回答，是在解釋他們有多麼喜歡你這個人，那就不妙了。

手段四：喬裝顧客。收購者常在你還不曉得他們有興趣買下你的事業前，就會暗地展開第一波研究。他們可能會偽裝成顧客，上你的網站或到你的公司了解當你的顧客感受如何。你的公司帶給陌生人的體驗務必周到穩定，而且你個人要盡量避免親自上陣去招攬或服務首次謀面的顧客。假如有任何潛在的收購者看到，新顧客主要是你來招呼，便會擔心你離開後就沒生意了。

實質審查時間結束後，意向書中的出價很有機會被打折扣。假如你遇到了這種事，同樣不用覺得意外。心裡要有被打折扣的準備，如果成功過關，反而有賺到的感覺。你應該回想一下當初審閱意向書時，自己心中所打的算盤。假如對方砍價後，價錢符合你的頭款目標，就直接簽字把公司賣了。假如沒有達到門檻，那就拍拍屁股走人，不要管收購者如何保證會協助你拿到獎勵分配款。

假如你接受了調整後的出價，或者實質審查時間結束了，雙方便安排會面辦理成交手續，一般是在收購者的律師事務所，處理正式的法律程序，需要簽署很多文件。等文件都簽定後，律師事務所就會從他們的戶頭把交易金匯入你的帳戶，買賣就大功告成了。

泰德的招式摘要

泰德的第一招

不要包山包海，要做專門生意。假如你專心把一件事做好，並聘請那方面的專才，你的工作品質就會提升，你也會比競爭對手更勝一籌。

泰德的第二招

極度仰賴一家客戶很危險，而且會讓潛在買主打退堂鼓。單一家客戶的進帳占公司營收務必不能超過一五%。

泰德的第三招

企業如果有一套銷售流程，推銷會更順利，也更容易擁有掌控權。把產品界定清楚，潛在顧客更有可能掏錢購買。

泰德的第四招

不要跟自己的公司劃上等號。假如買主覺得你的公司少了你可能就無法運作，那他就不會出最好的價錢。

泰德的第五招

不要變成錢坑。一旦把服務標準化，就要收頭期款或按進度收費，以創造正向的現金流量週期。

泰德的第六招

不要怕推掉案子。把超出專業範圍的工作推掉，證明你對專營事業態度是認真的。你對愈多的人說不，需要你的產品或服務的人就愈會找上你。

泰德的第七招

花點時間算一算，市場上有機會做成生意的潛在客戶有多少。你要賣掉公司的時候，一定要有這個數字，這樣買主才能估計商機規模。

泰德的第八招

兩個業務代表永遠好過一個。業務代表多半是喜歡競爭的個性，所以會想辦法勝過對方。找兩個人來可以向買主證明說，你的銷售模式運作得很順暢，而不是只靠一位優秀的業務代表。

泰德的第九招

聘用擅長銷售產品、而不是服務的人。這些人比較有辦法以既有的產品來滿足客戶的需求，而不會答應客戶的要求把產品客製化。

泰德的第十招

在轉型為經營標準化產品的那年，別管損益表，就算那表示你和員工都必須放棄年終獎金也一樣。只要現金流量保持穩定與強勁，你很快就會再見到獲利。

泰德的第十一招

把公司賣掉前，採用標準化產品的模式起碼要過兩年才會反映在財報中。

泰德的第十二招

建立管理團隊，並爲他們訂出長期獎勵計畫，以回報他們的個人績效與忠誠。

泰德的第十三招

在找仲介時，你既不能是他們最大的客戶，也不能是最小的客戶。你要確定他們懂你的行業。

泰德的第十四招

對於提議找單一家客戶來洽談的仲介要敬而遠之。務必要讓公司有人搶著買，並且不要被仲介當成用來討好大咖客戶的籌碼。

泰德的第十五招

擴大思考格局。編寫三年的經營計畫，勾勒出你的事業有哪些可能。記住：把你收購旗下的公司會有更多的資源，可以讓你加速成長。

泰德的第十六招

假如你想成爲有賣相、產品導向的事業，那就要把話說對。用字要改變，像是把「客戶」改成「顧客」，把「公司」改成「企業」。企業網站上或是顧客面對面溝通時，要是有任何訊息透露出你過去是一般的服務型企業，那就要把它拿掉。

泰德的第十七招

不要爲了在收購後能留下重要員工，而釋出員工認股權。反之，應該採用簡單的留任獎金制度，等公司賣掉後，再以現金獎賞管理團隊。把獎賞分兩期以上支付，而且只付給留下來的人，以確保重要人員留任到過渡時期之後。

推薦閱讀及輔助資料

☑ 上網訂閱：BuiltToSell.com

每週我都會發布最新的建議，告訴你如何打造出有價值（有賣相）、而且少了你也能蓬勃發展的公司。請上網訂閱：BuiltToSell.com，或是參考我的推特貼文 @JohnWarrillow。

算算你的公司目前值多少錢。到網站上去做一下賣相指數測驗 (Sellability Index Quiz)，裡面有十個免費問題，可以算出你的事業目前能賣多少錢。（BuiltToSell.com/quiz）

☑ 圓滿創業生命週期

在你準備退出自己的事業時，何不考慮加入 Kiva 借貸團隊，幫助新進創業家進入創業的世界。Kiva 能讓你把小額資金（貸款從二十五美元起跳）借給開發中世界的創業家。有關 Kiva 借貸團隊的詳情，請參閱 www.BuiltToSell.com/kiva。

☑ **加入策略顧問公司會員 (The Strategic Coach)**

策略顧問公司的人都是打造公司與人生的高手。他們創造了標準產品與服務的概念，並宣稱那是獨一無二的流程。他們將協助勾勒與實施你的業務流程。(www.strategiccoach.com)

☑ **閱讀《突破瓶頸》系列書籍，並實際接受他們的顧問輔導**

麥可．葛伯 (Michael Gerber) 在他的暢銷書《突破瓶頸》(*E-Myth Revisited*) 裡創造了這句話：要善用企業，而不要爲企業所用。但不要光看書而已，還可以去上一堂他們的輔導課程。(www.e-myth.com)

☑ **參考提姆．費里斯 (Tim Ferriss) 書籍與文章**

提姆．費里斯寫過《一週工作 4 小時，晉身新富族！》(*The 4-Hour Workweek*)，還有他的部落格，都會讓你不停去思考，當你把公司賣掉後時間要怎麼運用。(www.fourhourworkweek.com)

☑ **參加維恩．哈尼許 (Verne Harnish) 所舉辦的各項活動**

維恩．哈尼許是瞪羚公司 (Gazelles) 創辦人暨執行長，也是《掌握洛克斐勒的習慣》(*The*

Rockefeller Habits) 的作者。他是成長大師，他的公司專門做教育及輔導公司成長。你一定要訂閱他的《一週解析》(*Weekly Insights*)，絕對必讀。www.gazelles.com。

☑ **閱讀《小，是我故意的》(*Small Giants*)**

鮑．柏林罕 (Bo Burlingham) 長年在《公司》雜誌 (*Inc.*) 報導創業生活。他在《小，是我故意的》書中，鼓勵我們全心全意做好一件大事，而不要讓自己分身乏術地忙著緊抓住「不良營收」。(www.smallgiantsbook.com)

☑ **閱讀諾姆．布洛斯基 (Norm Brodsky) 文章**

諾姆是創業家的傳奇，創立過七家事業，並且是《公司》雜誌的專欄作家（過期號可上 www.inc.com 查閱）。

☑ **上網訂閱：smallbusinesstrends.com**

阿妮塔．坎貝爾 (Anita Campbell) 是中小企業的專家，其精闢見解傳布於各種媒體。她每個月會在推特及部落格上撰文，向數十萬中小企業主發聲。(www.smallbiztrends.com)

☑ **閱讀《頂級評等》(*Topgrading*) 和《頂級銷售》(*Topgrading for Sales*)**

你會學到一套很棒的公司求才用人的公式，包括在推動沒有你的銷售引擎時，你所需要的銷售人員。www.smarttopgrading.com。

☑ **閱讀《品牌可不是商標》(*Brand: It Ain't the logo*)**

了解如何打造出不依賴你的品牌。

如欲獲取更多的資源與建議來打造有賣相的事業，請參閱：www.BuiltToSell.com。

讀者佳評

★部落客、創客感心推薦

約翰．瓦瑞勞在《公司賺錢有這麼難嗎》一書中將經營公司提升至另一個不同的層次，他將公司整體視爲一個商品、一項服務，試著藉由建立有效的規則，讓這個公司好到能自動運轉，好到能產生正向的現金流，更甚至好到能賣個好價錢。

先不論我們是否在設立公司初期，就想著如何將公司出售，反而應該從另一個角度來思考的是：「如何建立一個有價值的企業」，讓公司能夠不斷地在對的領域及核心業務上耕耘、精進，也讓自己能夠擺脫煩人的瑣事，多挪出點時間進行思考以及策略的擬定，這些才是整個企業的價值所在。

王紹宇，創業策略家暨商管部落客（蒼蠅頭，小資家）

能在創業五年後的今天看到此書，實在是非常的幸運，如果在我剛創業時看此書，未必會在我心裡引起火花，但在經過跌跌撞撞的五年之後閱讀到此書，自己心中有了更堅定的想法，這是一本讓我的觀念再轉變的好書。……衷心推薦給想要創業或是正在創業的朋友，我深信可以把書中的一些好觀念與好思維善加運用在「自己」身上，那麼這個「自己」將會更出色，甚至是許多公司想尋求的「搶手貨」了！

林立璿，富樂雅居店長

在看這本書之前，已稍微臆測書的內容。不過，看了之後發現，這是一本比我想像中要好看很多的書！……覺得這本書有用主要是因爲我是軟體背景，如果要從無到有的創業，初期所開的公司類型會比較像書中的小型廣告公司，搞不好也會想要多接一些 case 看看能不能賺大錢。這本書用說故事的方式點出了我心中許多盲點……賣產品的公司比賣服務的公司容易賣得好價錢……；在要賣公司的計畫書中用字遣詞很重要；聘用擅長銷售產品，而不是服務的人。……

Victor Gau，科技創客

★亞馬遜書店讀者好評如潮

這本書眞的能讓讀者把話聽進去。明明是杜撰故事，但裡頭卻充滿了現實生活中的應用與可操作的建言！想要開公司，然後賣掉公司的人，這本書就兩個字：必讀！

這本書眞的讓我的公司脫胎換骨了。它成了我經商的藍圖，靠著本書協助，我的生意愈做愈大，但工作卻反而愈來愈輕鬆！絕對值得一讀的好書！

本書確實簡化了我的工作流程，讓我的產品線跟客戶服務更加流暢。我知道該怎麼做才能轉手把公司賣個漂亮價錢，也學會如何讓員工更有幹勁等……。

”
不論公司最後賣與不賣，書中的觀念都極其有助於你創造一家具規模、收支穩健、有如金雞母一般的優質企業。
“

”
讀過本書之後，我的新觀念是人必須要抱著有一天要將公司出售的心態去經營事業，好處是一方面你給自己的壓力會變輕，一方面可以創造出穩健至極的成長引擎。
“

”
對於苦於事業體無法突破，成長總是停滯不前的中小企業而言，這是本不可多得的好書。只要照著書中的步驟去做，你對自身企業的看法將會徹底改觀。本書能一針見血地點出你公司的弊病。
“

”
近幾年我拜讀過最棒的一本商管書。不論你是否打算賣掉自己的公司，本書都會讓你受益良多，你會知道如何讓自己的企業螺絲鎖緊，更穩建地日進斗金，你會覺得當老闆眞的是一個正確的決定。
“

國家圖書館出版品預行編目(CIP)資料

公司賺錢有這麼難嗎：賣得掉的才是好公司,17招打造沒有你也行的搖錢樹 / 約翰．瓦瑞勞 (John Warrillow) 著；戴至中譯 —— 二版. —— 新北市：李茲文化, 2018. 01
面；公分
譯自：Built to Sell: creating a business that can thrive without you
ISBN 978-986-93677-6-9（平裝）
1. 創業　2. 企業管理
494.1　106023207

公司賺錢有這麼難嗎：
賣得掉的才是好公司，17 招打造沒有你也行的搖錢樹
Built to Sell: Creating a Business That Can Thrive Without You

作　　者：約翰．瓦瑞勞 (John Warrillow)
譯　　者：戴至中
審　　訂：連育德
主　　編：陳家仁、莊碧娟
責任編輯：莊碧娟
總 編 輯：吳玟琪
編　　輯：陳玉娥

出　　版：李茲文化有限公司
電　　話：+(886) 2 86672245
傳　　真：+(886) 2 86672243
E-Mail: contact@leeds-global.com.tw
網　　站：http://www.leeds-global.com.tw/
郵寄地址：23199 新店郵局第 9-53 號信箱
P. O. Box 9-53 Sindian, Taipei County 23199 Taiwan (R. O. C.)

定　　價：280 元
出版日期：2012 年 1 月 1 日　初版
2024 年 6 月 10 日　二版四刷

總 經 銷：創智文化有限公司
地　　址：新北市土城區忠承路 89 號 6 樓
電　　話：(02) 2268-3489
傳　　真：(02) 2269-6560
網　　站：www.booknews.com.tw

Change & Transform

想改變世界・先改變自己

Change & Transform

想改變世界・先改變自己